孩子的第一本财商启蒙书

欢迎来到财商世界

夏梓郡 著

沈阳出版发行集团
沈阳出版社

图书在版编目（CIP）数据

欢迎来到财商世界 / 夏梓郡著. -- 沈阳 : 沈阳出版社, 2024.10. -- ISBN 978-7-5716-4408-6

Ⅰ. TS976.15-49

中国国家版本馆CIP数据核字第2024M48U89号

出版发行：沈阳出版发行集团｜沈阳出版社
　　　　　（地址：沈阳市沈河区南翰林路10号　邮编：110011）
网　　　址：http://www.sycbs.com
印　　　刷：三河市兴达印务有限公司
幅面尺寸：170mm×240mm
印　　　张：11.875
字　　　数：118千字
出版时间：2024年10月第1版
印刷时间：2024年10月第1次印刷
责任编辑：王冬梅
封面设计：鲍乾昊
版式设计：雷　虎
责任校对：张　磊
责任监印：杨　旭

书　　　号：ISBN 978-7-5716-4408-6
定　　　价：32.00元

联系电话：024-24112447
E-mail：sy24112447@163.com

本书若有印装质量问题，影响阅读，请与出版社联系调换。

目录

002 第一章 关于货币的起源

046 第二章 花钱也有大学问

084 第三章 存钱的必学课

126 第四章 学会借钱和还钱

160 第五章 豆豆赚钱了

第一章
关于货币的起源

第一章　关于货币的起源

豆豆哪里去了

> 你们看我的新变形金刚，它可以变成一辆车呢！

> 我也想买一个，可是我的零花钱都用完了。

> 是啊，我也是，零花钱总是不够用。

> 钱总是不够花，有什么好办法能让零花钱变多呢？

金豆豆的问题，或许也是你心中的疑惑。想要的东西太多，零花钱却总是不够用。我们该如何更好地管理它们呢？

欢迎来到财商世界

思考间，金豆豆来到了一个神秘的古代世界。在这里，他能否找到解决零花钱问题的启示呢？让我们跟着金豆豆一起探索吧！

第一章　关于货币的起源

这里是古代吗？好神奇啊！这些商品和现代的完全不一样呢！

005

欢迎来到财商世界

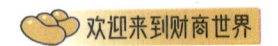

万物都可交换了

金豆豆在集市中发现，一人拿着几只野鸡换取了另一人的新鲜蔬菜。

这种直接的物品交换让他感到很新奇。看着这一幕，金豆豆起了疑惑。这时一位白胡子老爷爷轻轻拍了拍他的肩膀。

> 小豆豆，这是最原始的物物交换。在古代，人们就是用这种方式换取所需物品的。

财富小课堂

交换是一个经济学术语，是人们相互交换劳动产品的过程。

第一章　关于货币的起源

赵老汉想用一袋米换取阿婆家的一只小羊羔,但双方对价值产生了分歧。

怎么办呢?

不急,他们会通过协商找到一个双方都能接受的方案。

果然,经过一番讨论,赵老汉又拿出了一些干货,最终与阿婆达成了交换协议。

老爷爷捋捋胡须,微笑着说,这就是物物交换的智慧。它没有固定的规则,但需要双方的诚信与沟通。

财富小课堂

价值交换是买卖双方对于各自商品或服务的价值进行的交换。这里的"价值"指的是商品或服务的经济价值哦。比如一袋米 + 一些干货 = 一只羊羔。

欢迎来到财商世界

豆豆越来越觉得这种物物交换的方式有意思。他好奇地问老爷爷："物物交换是不是也有什么难处呢？"

老爷爷点点头："的确有。比如，有时候两个人想要交换的东西，价值可能不太一样，或者其中一方并不太满意另一方的物品。"

正说着，豆豆看到王大娘拿着一篮子鸡蛋，想换章小年手中的一件毛衣。但是，章小年觉得鸡蛋有点儿少，而王大娘则觉得毛衣的颜色她不太喜欢。

第一章　关于货币的起源

这时，一个大哥哥走了过来，他拿出一瓶自己做的果酱，说："你们看我的果酱诱人吧？我用果酱和你们换，你们再用果酱去换想要的东西吧。"

章小年看了看果酱，觉得可以用来送给朋友。王大娘寻思着，用一些鸡蛋加上果酱来换毛衣，似乎是个不错的主意。最后，三人高兴地完成了交换。

你看，虽然物物交换有时会有点儿困难，但聪明的人们总能想出办法来解决问题。这就是物物交换的奇妙之处。

财富小课堂

在物物交换中，确定两个物品的价值是否相等是一个关键问题。这通常需要交换双方进行协商，并努力达成共识。有时，还需要找到双方都认可的"中间物品"作为价值参照。

豆豆听后，更加喜欢这种简单又有趣的交换方式了。

欢迎来到财商世界

就在这时,一个穿着异域服装的商人走了过来,他听到了人们之前的讨论。

> 这果酱不错,但我手里的贝壳更适合做物品的交换物。

周围的人对商人手中一串串五彩斑斓的贝壳有了兴趣,纷纷展开猜想。

财富小课堂

贝壳作为货币的历史悠久,至少在新石器时代中期就已初现端倪,广泛流通于商周时期。

第一章　关于货币的起源

殷商骨贝币

王大娘和章小年也探过头来，眼中闪烁着兴奋的光芒。他们回想起之前的交换经历，虽然果酱帮了他们大忙，但果酱必须马上吃掉的问题也让他们头疼。

老爷爷看着这一幕，对豆豆说："这就是贝壳货币的起源。人们总是在寻找更方便、更高效的交换媒介。"

豆豆若有所思地点点头："那这些贝壳，会不会也像果酱一样，被替换掉呢？"

老爷爷笑而不语。

财富小课堂

在我国古代，用海贝充当货币，称为"贝币"。贝币的计算单位是"朋"，五贝为一串，两串为一朋。

随着大家对贝壳的接受，集市上的交换活动变得越来越热闹。

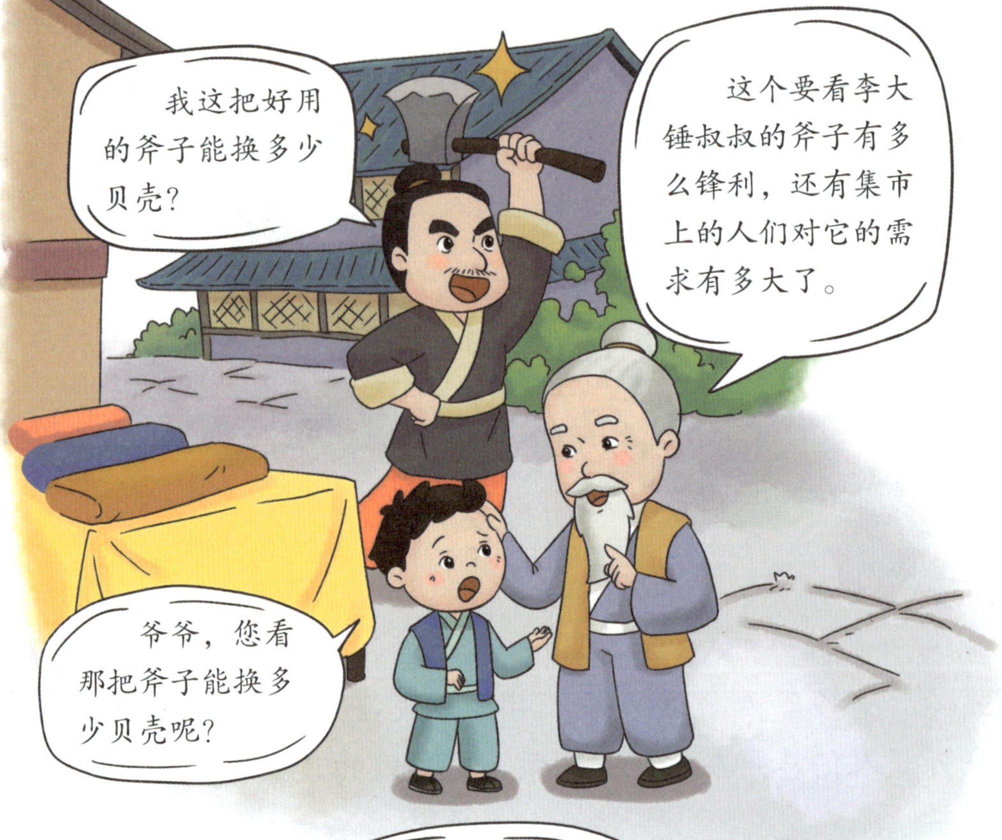

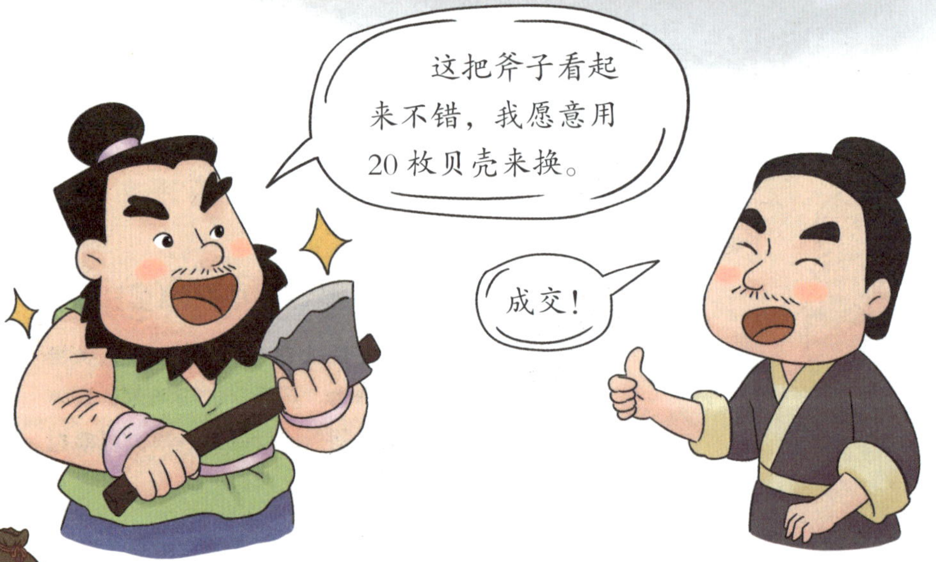

第一章　关于货币的起源

李大锤拿着20枚美丽的贝壳，买下了心仪已久的布料和一些粮食。

回家的路上，李大锤心里美滋滋的，他觉得自己该多打造一些斧子，这样就可以换取更多的贝壳了。

财富小课堂

在现代汉字中，许多与钱币相关的字都含有"贝"字旁，如财、赐、货等，可见贝币在历史上的影响很大。

欢迎来到财商世界

集市的新宠儿

豆豆紧握着手里的贝壳，高兴地穿梭在摊位之间。可是，当他走到心爱的肉包子摊前，却遇到了大麻烦。

我要两个肉包子！

哎呀，这枚贝壳都裂了，我可不能收这个。

可是，这也是我交换来的贝壳呀。

014

第一章 关于货币的起源

哎，贝壳虽然好看，但太容易坏了。

我家也有好多坏掉的贝壳，都不知道该怎么办。

来，用这两个铜币换两个肉包子吧。

财富小课堂

秦始皇统一全国后，贝壳作为货币的使用彻底退出了历史舞台。

这两枚重重的铜币在阳光的照耀下，仿佛披上了一层金色的光环。

015

欢迎来到财商世界

听了老爷爷的话，周围的人们都产生了制作铜币的想法。老爷爷便带领大家一起去开采铜矿，让他们了解铜币的制作过程。

中国最早的统一货币——秦半两

财富小课堂

金属货币是以金属作为货币材料，充当一般等价物的货币。历史上，最初是由铜等价值含量较低的金属充当，后来逐渐过渡到金、银等贵金属。

第一章　关于货币的起源

当第一枚铜币完成时，整个村庄都沸腾了。村民们纷纷围上前来，欣赏着这些闪耀着金色光芒的铜币。

欢迎来到财商世界

铜币的铸造和使用过程，让豆豆大开眼界。老爷爷依然是微微一笑，告诉豆豆，金钱的魅力可不止于此呢，说着，他顺手指向前方的交易新宠儿。

是的，白银是一种更珍贵的金属。而且，白银在交易中更加灵活和方便。

老爷爷，这就是白银吗？它好漂亮啊！

第一章　关于货币的起源

说着，老爷爷用剪刀把一整块白银剪成若干块小碎银。

老爷爷，我可以用它来买东西吗？

当然可以。碎银在交易中非常受欢迎，尤其是小朋友哦。

清朝乾隆首次在西藏铸行的"乾隆宝藏"银币

财富小课堂

银币起源于15世纪的欧洲，随着中外的频繁交流、买卖，中国开始铸造银币。白银要比铜值钱，又比黄金产量大，逐渐成为主流货币。此外，银币有一定的收藏价值。

欢迎来到财商世界

一个神奇的地方

爷爷,这么大的集市,它是从什么时候开始的呢?

豆豆和老爷爷漫步在集市中,一路看着集市的热闹,不禁对集市发出了感慨。

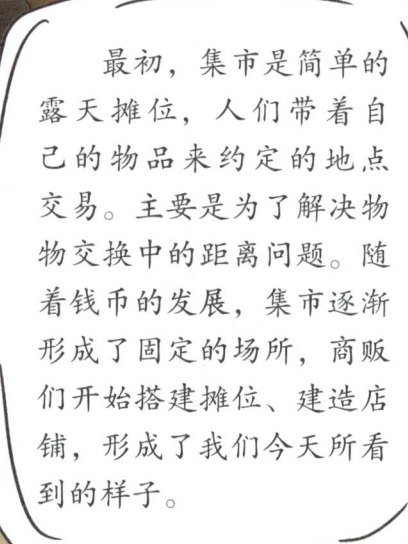

最初,集市是简单的露天摊位,人们带着自己的物品来约定的地点交易。主要是为了解决物物交换中的距离问题。随着钱币的发展,集市逐渐形成了固定的场所,商贩们开始搭建摊位、建造店铺,形成了我们今天所看到的样子。

第一章　关于货币的起源

听着爷爷的讲述，小豆豆想，集市还真是个神奇的地方，人们在这里挣钱，在这里花钱，在这里工作，在这里生活……

财富小课堂

"集"字由"隹"（代表鸟）和"木"组成，表示群鸟栖止于树上，这描绘了古人常见的自然景象。后来引申为集市、集合、集团、诗集等。

欢迎来到财商世界

超市

服装店

爷爷，集市在现代还有吗？

当然有了，而且更加热闹和丰富了。古代一个月一次或者两次的集市交换，就是我们现在每天都可以去的市场。

今天的集市不只是一个交易场所，更是一个充满活力和创意的社区。在这里，每个人都可以展示自己的才华和创意，与他人分享和交流。

第一章　关于货币的起源

肉铺

　　一个集市的变迁历史，让小豆豆多了一丝感叹，他生活在现代真是幸福，省去了那么多麻烦，也让他不禁对钱有了敬畏之心。

财富小课堂

集市，在今天的一些农村地区还有保留，只是人们用的不是金属币，而是纸币。至于纸币的故事，我们在后面慢慢讲给你听哦！

欢迎来到财商世界

我终于有钱了

在参观了繁华的集市后，小豆豆对古人的买卖方式产生了兴趣。他决定和老爷爷在集市热闹的地段开一家时光当铺，体验一下古人的交易乐趣。

财富小课堂

当铺主要提供典当服务，即客户可以用有价值的物品作为抵押，换取一定的现金。同时，当铺也有部分银行的功能，比如存钱、借钱等。

第一章 关于货币的起源

开业大吉!

当铺开业不一会儿,一位穿戴着华丽服饰的夫人匆匆走进了当铺,她手中紧紧捧着一个精致的小盒子,脸上写满了紧张和期待。

> 掌柜的,快帮我看看,这枚祖传宝石戒指,能典当多少银两?

老爷爷知道宝石戒指的价值,也看出了这位夫人是遇到困难了,很快拿出 20 两银子给这位夫人。

欢迎来到财商世界

小豆豆和爷爷的诚信经营赢得了大家的信赖，当铺的生意渐渐红火起来。除了日常的典当业务，还有许多需要资金的人前来寻求帮助。

> 这里可以贷款吗？

> 贷款？贷款是什么意思呀？

第一章　关于货币的起源

一旁正在打盹儿的老爷爷被小豆豆的声音惊醒,揉了揉眼睛。

贷款嘛,就是向我们借钱。不过,我们需要看看你有什么可以作为抵押呢?

财富小课堂

贷款就像你向银行借零花钱一样。但不同的是,银行会根据你的信用和还款能力来决定是否借给你,以及借给你多少,并且还需要一定的利息作为回报。

我有房子、铺子和木材厂,都可以作为抵押。

老爷爷听了老板的话,心里有些疑惑,他摸了摸胡子,转头看向小豆豆:"看来,我们需要亲自去实地考察一下这位老板的不动产,才能评估他的还款能力。"

财富小课堂

不动产,就是那些不能随便移动、固定在某个地方的东西,比如我们的家、学校等。它们都是很重要的财产!

欢迎来到财商世界

爷爷和豆豆来到了老板家的门前。一座古香古色的老宅映入眼帘。

> 哇,这房子好漂亮!比我们家的当铺大好多呢!

> 房子的价值不仅在于外观,更要看它的结构和内部状况。

他们来到了老板的市集摊位前。摊位上人来人往,生意红火。

> 爷爷,这个摊位看起来好赚钱,为什么老板还要来借钱呢?

> 豆豆,有时候生意人为了扩大经营或者应对紧急情况,需要更多的资金。这时候,他们就会选择用贷款来解决问题。

第一章 关于货币的起源

最后,他们来到了木材厂。厂里堆满了各种木材,工人们忙碌地工作着。

老爷爷和豆豆回到当铺,坐在桌子旁讨论着今天的所见所闻。他们起草了一份详细的贷款合同。

财富小课堂

合同在我们的生活中非常重要。无论是买卖东西、租房子还是借钱给别人,都需要签订合同来明确双方的权利和义务。这样,我们就可以减少纠纷和争议,让交易更加顺利愉快。

欢迎来到财商世界

这天，店铺关门后，小豆豆和爷爷被大堆的银子困扰。小豆豆数着银子，小手都快抽筋了，而爷爷则弓着背，吃力地搬运着沉重的银锭。两人相视苦笑，这沉甸甸的银子，是财富，也成了负担。

> 这银子，如果能像古籍书纸那样轻薄就好了，这样爷爷就不用那么辛苦地搬运了。

> 豆豆，你的想法真有意思。虽然银子不能变得像纸一样轻，但我们可以尝试制作一种"纸"来代替它呀！

他们找来适用的纸张和墨水,在上面印上时光当铺的标志和图案,让不同的纸和图案代表不同的价值,就这样做出了精美的"纸币"。

财富小课堂

纸币上的图案和面值是设计中的重要元素。它们不仅让纸币看起来更美观,还承载了货币的经济价值!每张纸币上的面值都代表着一定的金额,而图案则代表着纸币的发行国家和文化特色。

欢迎来到财商世界

然而，怎么让这些纸币在大家手里用起来呢？小豆豆和爷爷想了好久。

"对了！"小豆豆突然叫起来，"我们可以去找集市的监市叔叔！他懂得特别多，又是管经济的，他肯定能帮我们。"

监市叔叔拿着他们的纸币，眼睛一亮，连声说好，并主动帮他们在集市推广。但他也提醒小豆豆和爷爷，纸币不能随便印，还要小心保存和运输。

第一章　关于货币的起源

很快，当铺的纸币就在集市上流行起来。

小豆豆手里拿着纸币，在集市上一边跑一边喊："我终于有钱了，我可以轻松拿着钱在集市上逛啦！"

中国最早的纸币
——宋代交子

财富小课堂

纸币是世界各国普遍使用的货币形式。纸币是一种信用货币，本身价值并不高。

033

欢迎来到财商世界

它们都是货币吗

物物交换：

很久很久以前，人们想要得到某样东西，就拿自己手里的东西去换。比如，用一只鸡换一袋米，这就是物物交换！这种交换方式很直接。可见，物物交换不是货币，只是一种有趣的交换游戏！

贝壳：

后来，有些地方的人们觉得贝壳很漂亮，也很稀有，就把贝壳当作钱来用。不过，这种用贝壳买东西的方式并不普遍，只是在某些特定的地方和时间里才出现。现在，我们已经不用贝壳了，但它仍然是货币历史上一个有趣的插曲！

金银币：

　　金银币是用闪闪发光的黄金和银子做成的钱币！它通常由国家的政府制造和发行。金银币有固定的价值，很方便，也很可靠。所以，银币是货币的一种，它让我们的购物变得更加简单和快捷！

钱币：

　　钱币指在商品交易中充当一般等价物的物品。它包括硬币和纸币，都是由国家或政府的权威机构发行的。我们可以用钱币来买各种各样的东西，非常方便！钱币是货币的典型代表！

　　货币就像一张可以购买东西的"魔法卡片"，有了它，我们就可以在市场上换取各种各样的商品。同时，货币也像一个神奇的桥梁，连接着人与人之间的交换和约定！

欢迎来到财商世界

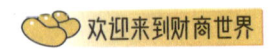

钱币的大麻烦

自从当铺使用钱币后,每天队伍从早到晚都排得长长的。可是,今天早上一开门,竟然一个人都没有,发生了什么呢?

> 看来,我们来了个实力雄厚的竞争对手啊。

第一章　关于货币的起源

今天存钱、借钱、典当东西，一律打八折！

　　原来隔壁新开了一家叫"聚宝典当"的铺子。小豆豆看着那里人山人海，心里想："'聚宝'？看，聚了这么多人！"他和爷爷走过去，发现他们还发行了"聚宝钱币"。

财富小课堂

　　打八折是指原价100元的东西，现在只需80元就能买到。通常折扣越低越便宜，如果是打一折，原价100元的东西，只需10元就可以得到了。

　　回家的路上，小豆豆和爷爷都紧锁眉头，一个市场有两种不同的钱币，这会让市场秩序变得混乱。看来，他们需要找到一种方法来规范它的使用。

欢迎来到财商世界

遇到难题还得找高人！上次是监市叔叔解决的钱币流通问题，这次豆豆和爷爷又把钱币的新问题告诉了他。三人一同来到了"聚宝当铺"解决钱币问题。

聚宝当铺老板阿聪是个了不起的小伙子，既懂得怎么做生意，又对金融了如指掌，当即便给出了方案。

> 今天是我"聚宝当铺"发行了"聚宝钱币"，可明天说不定又会有新的钱币冒出来。干脆统一发行钱币，这样整个集市的钱币就都一样啦！

豆豆、爷爷和监市叔叔听了都频频点头，觉得这个办法真是太棒了！

第一章　关于货币的起源

　　说干就干，四个人你一言我一语地商量起钱币的设计来。没过多久，他们就定下了统一的钱币图案和面值。从此以后，钱币的发行变得有秩序了。

财富小课堂

　　钱币统一是指在一定的区域内，大家都使用同一种钱来买东西和卖东西。这样做可以让交易变得更加方便快捷。就像在欧洲，大家都使用欧元一样。

欢迎来到财商世界

在设计钱币图案的过程中，阿聪与爷爷和豆豆建立了很深的友情，并想着和他们一起干点儿厉害的事情。

这天，阿聪拿着皮包走进"时光当铺"，拿出一份神秘的"合作意向书"。

> 阿聪哥哥，这是什么呀？

阿聪喝了一大口水，激动地宣布他想开当铺连锁店的梦想。爷爷听了也大吃一惊！

财富小课堂

合作就是大家为了同一个目标，一起努力，互相帮助。好的合作能让我们更成功，还能让我们变得更聪明，更有本领！

第一章　关于货币的起源

好处
店铺变多了
名气更大了
帮更多的人

挑战
要管很多的店铺
要花更多的心思
前期花很多的钱

财富小课堂

连锁店就是在好多地方开一样的店铺,大家都听从一个指挥,一起努力。这样,我们的生意就会像滚雪球一样越做越大!

听完阿聪的点子,爷爷和豆豆都觉得这个主意真是太棒了,虽然有点儿难,但是他们愿意迎接挑战,和阿聪一起创造当铺的新传奇!

041

欢迎来到财商世界

　　三位合作小伙伴开始深入研究开设连锁当铺的各个细节了。

　　首先，阿聪提出了一个新颖的想法——每个店铺找一位职业经理人，来帮他们管理当铺。这对豆豆和爷爷来说，可是个新鲜词汇呢！

财富小课堂

职业经理人是专门受过训练，负责管理当铺（或者其他企业）的专业人才。有了他们的专业经营，我们的当铺就能更好地运营，赚更多的钱！

第一章　关于货币的起源

接下来,他们开始商量着在哪些地方开设当铺。他们选定了几个热闹的集市,计划着要开多少家当铺才合适。

最后一步,当然是要筹集足够的钱币啦!毕竟,想要当大老板,资金可是必不可少的!

043

欢迎来到财商世界

开张啦，开张啦！经过豆豆、阿聪和爷爷三人的一番忙活，"时光当铺"终于在集市的每个角落都开张了，城市的繁华地带都能轻松找到它。

随着"时光当铺"团队的日益壮大，业务也变得灵活多样。特别是波仔这个聪明的职业经理人，他提出了分期付款的妙招，让借款人可以根据自己的经济状况，每月逐步偿还贷款。

第一章　关于货币的起源

财富小课堂

分期付款是在你借款的时候，不用一次性付清欠款，可以和店家约定，把总价款分成几期来支付。这样你眼前的经济压力就会小很多！不过，长期来看，分期付款需要支付一些额外的利息，也会稍微增加你的负担。你觉得分期付款好不好呢？

这真是个美妙的开始！但是新的挑战总是层出不穷。关于花钱的问题也等待着豆豆去学习。

第二章
花钱也有大学问

豆豆有零花钱啦

"这是你用劳动换来的零花钱,从今天开始,你可以自由支配自己的零花钱了!"

"太好了,我终于等来这一天了!"

"你可以存进储钱罐,也可以存进银行,或者……你想不想去超市买点玩具、零食和文具?刚好今天超市打折哦!"

打折

超市

拿到自己的劳动所得,金豆豆很高兴,但他想了想,却想不出这笔钱可以用来做什么。一听到玩具和零食,金豆豆的眼睛都亮了,于是,金豆豆和妈妈一同前往超市……

欢迎来到财商世界

超市"打折"中的小秘密

零食区

我怎么才能知道这个东西需要花多少钱呢?

看到商品下的数字了吗?那就是价格。

收银员阿姨会扫描条形码,系统会显示价格。所有商品都扫过后,会算出总价,然后妈妈付钱。

每个商品都有自己的条形码,就像我们的身份证一样。条形码上的黑白条纹,就是商品的编号。当我们在收银台结账时,收银员会用扫描枪扫一下这个条形码,电脑就能知道这个商品的价格了。

聪明的你能算一算，一件二十元的商品打六折应该卖多少钱吗？

除了降价打折以外，超市打折还有很多其他形式哦。比如赠品、捆绑销售、积分、折扣券等。

财富小课堂
商品条形码

商品条形码的编码有一个特别的规则，那就是它必须是独一无二的。这样，无论在哪个地方，人们都可以准确地识别出商品。比如，一个商品只能有一个条形码，而一个条形码也只能代表一种商品。如果商品有不同的规格、包装、种类、价格或者颜色，那么它们就会有不同的条形码。

欢迎来到财商世界

　　金豆豆继续蹦蹦跳跳在零食区挑选零食,他发现很多商品价格都比原本的价格下降了不少。

　　哈哈,你看,如果只从一件商品的价格来看,超市可能赚得少了;但你想想,如果我们因为价格便宜而买了更多东西,那超市的总体收入不就增加了吗?

买一赠一
大促销

妈妈,你看这些零食都降价了,超市不会亏钱吗?

这就是超市的一种营销策略，通过赠品促销吸引顾客，增加销量。

财富小课堂

促销

你们知道超市为什么要打折促销吗？这就是一种策略，让更多的人因为价格便宜而选择购买。记住哦，促销是为了增加销售量，从而带来更多的利润。

你还知道哪些超市打折促销的方式呢？

爸爸不是说卖得越贵赚得越多吗？

生意赚钱的方式有很多种。这件事要从生意是如何赚钱的说起……

欢迎来到财商世界

一个聪明的人

很久很久以前,在西部的大草原上,牛羊成群,人们生活富足。

在这里,一只羊只卖一金。

然而,在遥远的东部,情况却截然不同。

第二章　花钱也有大学问

东部因为羊只稀少，一只羊的价格高达五金。

一只羊五金

但在东部，布匹丝绸的价格却低廉得令人咋舌。

一金三匹

欢迎来到财商世界

然而，在西部地区，由于资源匮乏，一金只能买到一匹成色不好的布匹。

一金一匹

有一个聪明的人发现了这个商机……

聪明的人从这两地物价的差价中看到了商机。他花十金从西部买了十只羊运到东部，每只羊卖五金，一共卖出五十金。又用这五十金，在东部买了一百五十匹布，运到西部，每匹布卖一金，又卖了一百五十金。

就这样，聪明的人从东西两地一来一回，把十金变成了一百五十金，中间足足赚了一百四十金的差价，赚得盆满钵满。这种低价购入、高价卖出是"商人"最简单的赚钱方式。

财富小课堂
利润

在商业术语中，聪明的人采购羊所花的十金叫作成本，卖出的十只羊叫作销量，每次羊卖五金叫作单价，用单价乘以销量减去成本最后得出的叫作利润。

欢迎来到财商世界

超市的赚钱方式比这种原始生意要更复杂一些。让我们再说回那个聪明的人。

眼看梅雨季就要到了，再不卖出去就要发霉了，到时候损失惨重啊。

聪明的人看着布匹，心中盘算着。

第二章　花钱也有大学问

我有一个提议，不知老板是否愿意听？

哦？你说说看。

我打算用一百五十金，买下你所有的六百匹布。

全部？这……这怎么行？那岂不是太便宜了？

两人达成了交易，聪明人踏上了前往西部的旅程。

欢迎来到财商世界

西部市集

买两匹还送一匹？这太划算了！

买二送一

聪明的人采取了买二送一的促销策略，很快布匹就销售一空。

这次交易让聪明的人赚了二百五十金的差价，比以前多赚了五十金。

超市也是利用这种方式。超市客流量大，每日卖出的商品也不少，因此它可以大量进货，进货价便可以压得很低，这样即便商品打折出售，超市也能从中获得利润。

财富小课堂
促销的好处

其实超市促销还可以获得更多好处。快要过期的酸奶通过打折促销可以清空库存，减少损失；新上市的玩具通过捆绑销售和赠品的形式可以让消费者更快接受，扩宽市场。

除了这些以外，你还可以想到什么好处呢？说出来和好伙伴一起讨论一下吧！

欢迎来到财商世界

> 妈妈,这些商品进价和售价的差价,全都进了超市老板的钱包吗?

> 不全是,豆豆。

在金豆豆纯真的疑问中,妈妈开始解释超市运营的奥秘。

第二章 花钱也有大学问

> 他们还需要从中掏出一部分钱支付租用商铺的租金、雇佣售货员和收银员的工资,以及缴纳增值税等其他支出。这些支出都是超市的运营成本。

经营报表
| 收入 | 支出 | 利润 | 合计 |

　　超市为了减少运营成本,把仓库空出来。有时会把积压或临近过期的商品折价出售,甚至售价会低于进价。这些难以售出的商品折价售出后,超市就有了多余的仓库用来装那些好卖又能赚更多钱的商品。

仓库

临期

> 超市真的很会赚钱啊!

061

欢迎来到财商世界

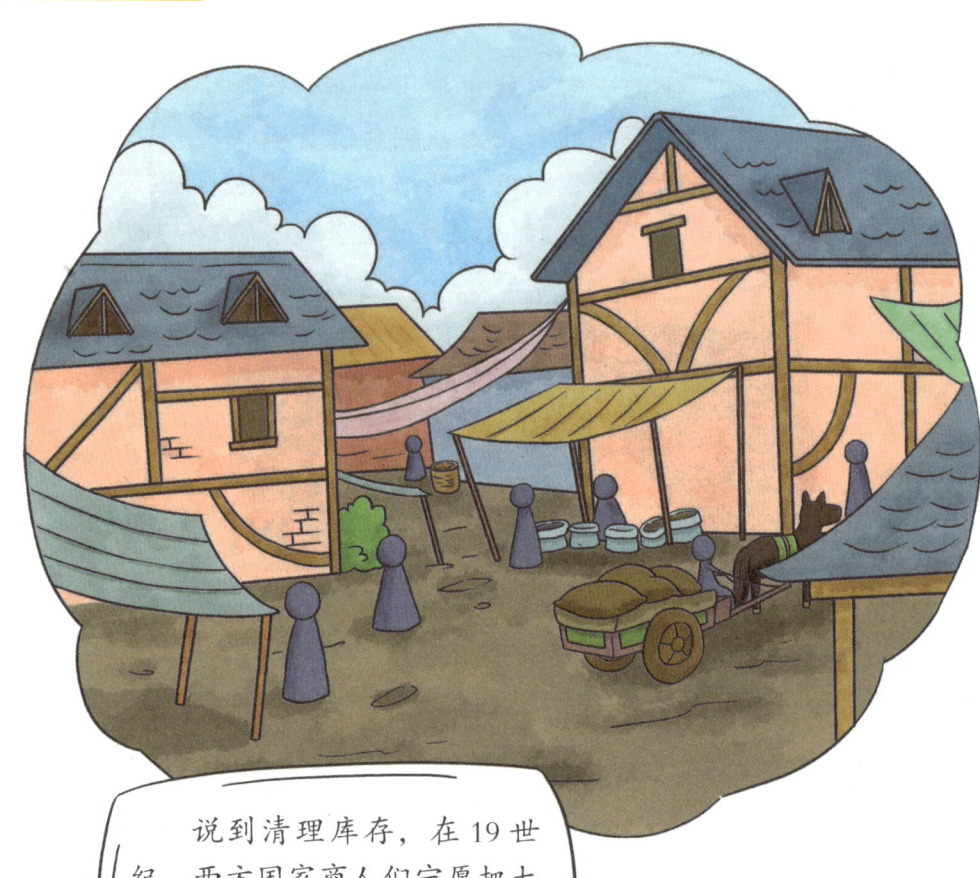

说到清理库存，在19世纪，西方国家商人们宁愿把大桶大桶的牛奶倒进江里，也不愿意运送到其他地方售卖。

为什么呢？

062

第二章 花钱也有大学问

"运输成本太高,价格低廉……这该如何是好?"

在那个时期,牛奶的价格低廉。

"唉,这牛奶……倒掉比卖掉还划算。"

由于运输成本高昂,商人们发现即使他们降价销售牛奶,也无法弥补运输所花费的巨额成本。因此,倒掉牛奶成了他们唯一的选择。

在平时生活中你有没有发现,有些同样的商品在不同地方价格却不一样?你能通过上面的故事猜一猜是什么影响了商品价格吗?

063

欢迎来到财商世界

买漫画书还是玩具礼盒

玩具区

新品 大促销

金豆豆,我们之前说的漫画书,你要买吗?

当然要买啦!妈妈,你看这个玩具礼盒也在打折,而且送的是我最喜欢的游戏卡片!多划算啊!

第二章　花钱也有大学问

> 金豆豆，这个玩具礼盒虽然打折，但也要八十元。你的零花钱只有一百元，如果买了这个玩具，可能就买不了漫画书了。而且家里的玩具已经很多了，你真的需要再买吗？

> 可是……我真的很喜欢这张游戏卡片，而且玩具看起来也很酷……

　　面对心仪的玩具和期待已久的漫画书，金豆豆陷入了两难的抉择。看到金豆豆如此纠结，妈妈决定先把玩具礼盒留在购物车里，一边向放漫画书的货架走，一边给金豆豆讲了另一个故事……

065

欢迎来到财商世界

从前有一个村子被大洪水困住，村民们与外界隔绝，食物日益匮乏。

商人们开始用自己的货物换取食物，以求生存。

其中，有一位陶瓷商人，他的瓷瓶在市场上价值不菲，但现在……

老板，我买两个馒头。

一个瓷瓶换一个馒头。

第二章 花钱也有大学问

我的瓷瓶在市场上可以换你两大麻袋馒头！

但现在，只有馒头能填饱肚子。

陶瓷商人愤怒地转身离去……

等洪水退去后，其他商人虽然损失了不少货物，但因为有食物可吃全都活了下来。可陶瓷商人却饿死在了村子里，他手里还紧紧抱着一箱陶瓷。

太惨了。

因为大洪水时期，食物紧缺，所以一个馒头才能卖出平时难以想象的高价。一件商品，只有在其价值大于价格的时候购买才是划算的；相反，当价格大于商品价值的时候，无论它的标价多低都不划算。所以你想想，你需要这个玩具礼盒吗？还有必要买吗？

067

欢迎来到财商世界

> 我的确有同款玩具了,可是这还送一个游戏卡片吗?实在是太划算了!

妈妈看出了金豆豆的心思,于是又给他讲了另一个故事……

因为一场洪水,卖猪肉的商人缺少食物,愁得不得了。

第二章　花钱也有大学问

可天天吃猪肉很腻，他决定用自己的猪肉去找其他商人换些别的食物。

愿意和他交换的商人有两个，一个是卖苹果的，另一个是卖辣椒的。

欢迎来到财商世界

我愿意用三个苹果换你一块猪肉。

我愿意用一整袋辣椒换你一块猪肉。

070

第二章 花钱也有大学问

猪肉店商人想了想,一袋辣椒可比三个苹果多多了,于是他决定和卖辣椒的商人交换。

欢迎来到财商世界

唉,我怎么就没想到呢?这辣椒对我有什么用……

　　猪肉店商人没有考虑到一件事——自己不能吃辣椒。最后,一袋辣椒他一口也没吃,等到洪水退了之后,他不仅依旧每天吃猪肉,一整袋辣椒也全都烂了。

　　对于猪肉店商人来说,苹果是比辣椒更为需要的东西,但他只顾着眼前的蝇头小利,没有考虑苹果和辣椒能够带给他的价值,所以最后他不仅没有改善生活,反而还赔本。

第二章　花钱也有大学问

> 要按照需求买东西，不需要的东西没必要买，需要的东西挑最有价值的买。我越需要的东西，对我来说价值越高，是这样吗？

> 那我不需要玩具，也不需要这个游戏卡片，我要买漫画书！

聪明的金豆豆一点就通，他自己盘算着："比起游戏卡片和玩具，我更喜欢漫画书。我不需要玩具，而且这个游戏卡片就算买回去也玩儿不了几次，如果把买玩具礼盒的钱省下来买漫画书，我就可以看很久了。

财富小课堂

花钱之前想一想：我需要吗？我真的想要吗？有其他更划算的商品可以替代吗？这个价格值得吗？

欢迎来到财商世界

收银↓

豆豆，时间还早，我们再去逛逛别家店吧，说不定你会遇到更喜欢的书呢。

漫画

童话故事

第二章　花钱也有大学问

> 这里的漫画书真多啊,而且这里的价格比超市里的要便宜好多呢!

确实,只有货比三家,我们才能挑选到最合适、性价比最高的商品。在这个图书城里,金豆豆找到了他心仪的书籍,也学到了购物的智慧。

财富小课堂

在买东西之前,做好预算并列出购物清单,这样既省时又省钱。懂得货比三家,了解行情!

买东西其实也是一种选择。为了做出正确的选择,一定要先全面了解基本信息。你所选择的未必是最贵的、最好的,但一定是最适合你的,这样就可以了!金钱与时间一样,都是有限的。花掉不后悔,这才是最经济的!请想想,你是如何买东西的呢?有没有买完了就后悔的情况呢?

> 欢迎来到财商世界

怎样更划算呢

第二天一早，妈妈又带着金豆豆来超市了，他们又会发生什么"花钱"的新鲜事呢？

妈妈，你遇到什么困难了吗？

豆豆，你看这两瓶牛奶，你觉得买哪一瓶更划算呢？

大瓶的虽然贵一些，但牛奶更多；小瓶的便宜，但牛奶少。我应该怎么算呢？

面对金豆豆的困惑，妈妈决定用计算器来帮他理解如何比较商品的性价比。

我们先算每瓶牛奶每毫升的价格。750ml 卖 12 元，所以 12 元除以 750ml，每毫升是 0.016 元；1000ml 卖 15 元，15 元除以 1000ml，每毫升是 0.015 元。这样你就知道哪一瓶更划算了。

我懂了，大包装的更便宜！我们买 1000ml 的！而且我们家有三个人，一次刚好能够喝完一大瓶，不会浪费。

财富小课堂

在比较哪种商品更划算时，我们其实比较的是相同数量的商品分别需要花多少钱才能买到，也就是说，我们需要计算牛奶每毫升或每 100 毫升的单价是多少。

欢迎来到财商世界

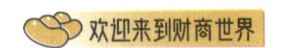

隐性成本

走到收银台附近,金豆豆看到超市门口正在做"秒杀活动",但是当他看到价格后,又犹豫了。

这里的西瓜每斤2.3元,但我记得上次和爸爸去大市场,那里的西瓜每斤只要2元。妈妈,我们去大市场买西瓜吧!

原价2.3元一斤
限时35秒杀

"秒杀活动"

第二章　花钱也有大学问

但是去大市场需要坐车，坐车又要花多少钱呢？

坐公交一去一回需要四块钱，打车的话更贵……

对啊，去大市场买西瓜花在路上的钱也要算进去，这样算起来，大市场的西瓜是不是也没有那么便宜呢？

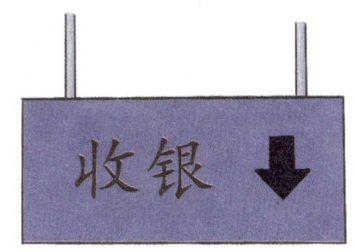

收银 ↓

这部分多花的钱叫作隐性成本。所以在买东西的时候，不仅要关注商品的实用性、价值、价格，还要多多思考是否需要付出更多的隐性成本哦！

你还能想到其他为购物而花掉的隐性成本吗？可以举例说一说吗？

支付方式的奥秘

您好，一共是两百九十七元七角，请问您用什么方式支付？
哇，这些条形码真神奇，一扫就知道价格了！
是啊，随着科技的发展，支付方式越来越多样化了。就像我们现在用的充值卡和扫码支付。
扫码
妈妈，付钱还有这么多方式吗？

第二章　花钱也有大学问

扫码支付扫的也是条形码吗？为什么这个条形码这么大？

这个是二维码，不是条形码。二维码储存的信息更多，可以完成更复杂的操作，比如付款、转账等。

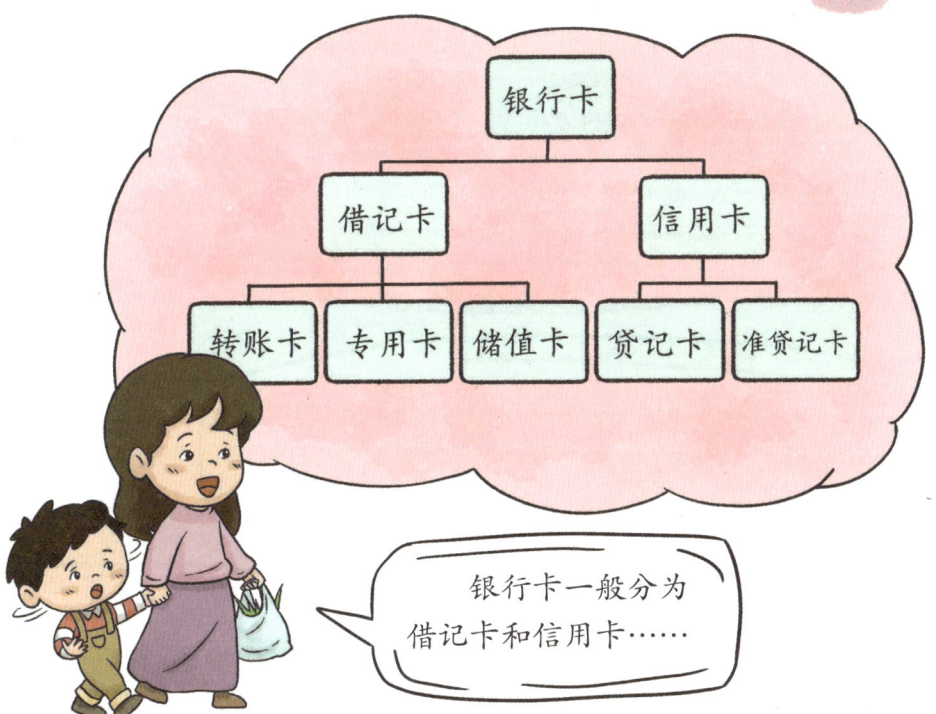

```
          银行卡
         /      \
      借记卡    信用卡
     / | \      / \
转账卡 专用卡 储值卡 贷记卡 准贷记卡
```

银行卡一般分为借记卡和信用卡……

借记卡可以直接从持卡人账户划款，而信用卡则允许持卡人在一定额度内透支。但使用信用卡时，要注意及时还款，避免产生不必要的费用和影响个人信用。

财富小课堂

当心移动支付陷阱、网络诈骗，请小朋友们一定要在家长监护下进行支付操作哦！

消费秘籍

你知道吗?去超市购物还有秘籍呢!

是什么秘籍呢?

首先,我们要列一张详细的购物清单。

看,清单上分为两部分,必须买的物品和可买可不买的物品。比如,家里的米吃完了,那就属于必须买的。

必须要买	可买可不买
大米	
纸巾	
盐、油	
学习用品	
铅笔	

对,还有纸巾、油和盐。

没错,还有你的学习用品,比如笔记本和铅笔,甚至书籍和练习册,如果需要,也要写上。

第二章　花钱也有大学问

必须要买	可买可不买
大米 纸巾 盐、油 学习用品 铅笔	橡皮 运动器材

然后，我们要看家里已经有的东西，那些不经常使用的，或者可以用其他物品替代的，就属于可买可不买的部分。

嗯，比如家里已经有很多橡皮了，它就是可买可不买的。

对，还有那些运动器材，如果你不经常玩儿，也可以暂时不考虑。

生活就像这次超市购物之旅，充满了选择和决策。但只要我们用心规划，珍惜每一份资源，就能更会"花钱"。

第三章
存钱的必学课

我的扑满满了

金豆豆养成了良好的预算和储蓄习惯。每到月末,金豆豆会把剩余的钱放进扑满里,随着时间的推移,扑满里的钱越来越多。

> 小豆豆的扑满快存满钱了哈。

> 哥哥,我终于可以去买心心念念的九连环了!

> 看来,你该知道存钱和投资的区别了。

> 那哥哥快好好说说。

投资和存钱不同的是,投资的钱可以用来赚更多的钱。投资和存钱的区别可以用一个小故事来类比。

财富小课堂
什么是扑满?

扑满是古时以泥烧制而成的贮钱罐,外形常见像猪,以陶制,只有一个小洞,硬币可以放入却无法取出。小孩子平日将父母给的零花钱从小孔中塞进去,到钱快贮满了,便打烂小陶罐,拿了钱去买心仪已久的玩具。现代称扑满为存钱罐。

欢迎来到财商世界

有一个小女孩喜欢种树。一天，她的爸爸送给了她两棵小树苗。

这是给你的两棵小树苗，你可以决定怎么照顾它们。

谢谢爸爸！

小女孩给这两棵树分别取了名字。一棵叫"存钱树"，另一棵叫"投资树"。

小女孩经常给两棵树浇水、施肥,让它们健康地成长。存钱树慢慢地长大,每年都能结出一些果实,存钱树一年一年地长大,结出来的果实也越来越多。

> 存钱树真不错,每年都有果实收成,就像我把钱存进钱庄,每年都能得到更多的钱。

小女孩用投资树的果实去集市上换取了更多的树苗,她将这些树苗种在了投资树的周围,精心照料。不久后,周围的小树苗都开始长大,逐渐结出更多的果实。

> 投资树给我带来了更多的果实!这就像我把钱投资到不同的地方,结果赚到了更多的钱。

小女孩的两棵树对于豆豆很有启发。他也明白了不论是存钱还是投资，都需要耐心和细心。豆豆开始有意识地管理自己的"小财富"了。

可是，现实中我怎么能有更多的"果实"呢？

"果实"就像是银行借了你的钱，给你的报酬。比如，你存了100块钱，一年后银行会多给你5块钱，这5块钱就是果实。

第三章　存钱的必学课

今天集市开集，一起去吧。

九连环，我来了。

财富小课堂

集市每隔数日便举办一次，并常附带民间娱乐活动。现代，我们有超市了，小朋友们有什么需要的东西，就可以随时去超市上买了。

欢迎来到财商世界

集市上真热闹,最先吸引豆豆的还是那酸酸甜甜的糖葫芦。可是糖葫芦涨价了,这让小豆豆有些迷糊。

五毛一串

糖葫芦前几天还卖三毛,今天怎么五毛了。

我也不想涨价啊,你先来看看我这个鞋子,天天挑着担子去卖货,隔三岔五就要换鞋。

哈哈哈,鞋底成本增加了,糖葫芦就涨价了。

第三章　存钱的必学课

> 为什么鞋底跟糖葫芦有关系呢？鞋底也会产生成本吗？

> 看来需要一个故事，来解答你的疑惑了。

财富小课堂

如果小朋友们每月有零花钱100元，相较于一次取100元，我们更愿意分多次取钱，如每3天取一次，每次取10元，这样银行就给我们更多的利息了。但是由于我们频繁地去银行取钱，鞋底磨损得更快了，我们就需要买新鞋子，这种买鞋的钱称之为鞋底成本。

欢迎来到财商世界

很久以前，草原上的牧羊人都喜欢把钱存进钱庄里。特别是年轻的阿朗，他每天都要去镇上的钱庄存钱。

> 阿郎今天又去存钱了？

> 钱还是放钱庄里安全，又能约束我乱花钱。

一年四季，不论是烈日炎炎的夏天，还是寒风刺骨的冬天，阿郎每天都要走很远的路去钱庄。日子久了，他的鞋底被磨破了，经常需要去买新鞋。每次买鞋子都要花钱，这些钱就是小伙子的"鞋底成本"。

第三章　存钱的必学课

欢迎来到财商世界

"所以,小豆豆,卖糖葫芦的人每天要走很远的路去卖糖葫芦,他们的鞋子也会磨破得更快,成本也会增加。这些增加的成本只能加在糖葫芦的价格上喽。"

"原来是这样!"

财富小课堂

其实,鞋底成本说明了在通货膨胀时期,由于货币购买力下降,人们为了减少损失而减少货币持有量,从而导致增加跑银行的次数,这种增加的跑银行所花费的时间和精力被经济学家称为鞋底成本。

豆豆和哥哥一路吃着、玩儿着,很快就走到了九连环店铺里。

第三章 存钱的必学课

选这个玩具比较有挑战性哦。

我的九连环！

095

丰收后的不开心

豆豆正认真听哥哥的故事，被路边伯伯的哭声吓到，热心的豆豆赶紧上前询问原因。

卖玉米啊，便宜卖。

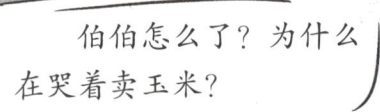

伯伯怎么了？为什么在哭着卖玉米？

今年的玉米价格跌得厉害，大家都不愿意出高价买。就是这样低的价格，也没有卖出多少。

哥哥，为什么玉米的价格会跌呢？
那是因为今年玉米大丰收了，农民家里的玉米都多了，玉米的价格自然就下来了。
是啊，丰收了反而成了麻烦。

欢迎来到财商世界

金豆豆和哥哥走到一个角落，又看见了许多卖玉米的摊贩，摊贩们的脸上都带着愁容。

哥哥，这里还有好多卖玉米的摊子，为什么大家看起来都不开心呢？

这是因为"谷贱伤农"，玉米价格太低，农民们的收入减少了。

哥哥意识到谷贱伤农这个现象有些复杂，还是决定以故事来解释。

第三章　存钱的必学课

在一个偏远的乡村，那里的人们非常勤劳，每年都种很多玉米。

那他们是不是赚很多钱呢？

不一定。听我说下去。那一年，天气特别好，大家的玉米都堆满了仓库。有一对兄妹和他们的爸爸王伯伯就是靠种玉米为生。

欢迎来到财商世界

王伯伯一家从春忙到秋,眼看着到了收获的季节,心情即喜悦又紧张。这不一家三口在院子里聊起了玉米的价格。

今年集市上的玉米都丰收了,不知道价格会不会下跌。

今年的玉米大丰收!

一旁的父亲也不禁忧心忡忡。心想,市场上的玉米供应量一旦增加,但需求量不变,价格肯定要跌的。

100

第三章　存钱的必学课

今年的玉米大丰收，却卖不上价钱，我家的收入还不如以往。

是啊，这样下去，我们怎么养活家人呢？

这么好的玉米，价格这么低，真让人不解。

父亲，我们该怎么办呢？

不丰收愁，丰收也要愁，先回家想想办法。

欢迎来到财商世界

王伯伯不仅农田种得好，脑筋也是很活跃的。他想到了合作社这个好机构。很快，他把大家召集起来。

> 今年的玉米价格低，我建议大家成立一个合作社，把玉米集中起来统一销售。

> 好主意，合作起来可以降低成本，提高销售价格。

> 我同意，我们可以联系一些商贩或者加工厂，增加玉米的附加值。

> 爸爸真是聪明！

> 是啊，通过合作社，我们不仅提高了玉米的销售价格，还学会了如何更好地应对市场变化。

财富小课堂

合作社

合作社是卖家联合起来一起合作生成、销售、经营的一种合作组织形式。这样可以降低成本，提高价格。

合作社不仅团结了农民兄弟,也让商人获益,不用再费力地一家家收粮食了。

你们的合作社真是个好主意,我愿意长期收购你们的玉米。

太感谢了,我们会继续努力种好玉米。

欢迎来到财商世界

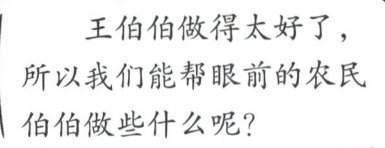

王伯伯做得太好了,所以我们能帮眼前的农民伯伯做些什么呢?

可以和他们分享合作社的经验,让他们也尝试成立合作社,这样就能减少"谷贱伤农"的影响。

财富小课堂

谷贱伤农揭示了一个经济现象。即在农产品丰收的情况下,如果价格不随之提高,农民可能会因为销售困难而不能收回成本,从而遭受经济损失。

第三章 存钱的必学课

合作社

建议很好,我们回去试一试合作社的方法。

是啊,大家一起合作,我们一定能渡过这次难关。

和农民伯伯分享完合作社的经验后,豆豆和哥哥轻松了许多。看着农民伯伯挑着玉米担子离开集市的背影,哥儿俩都暗自为他们加油。

欢迎来到财商世界

一路聊着，豆豆早都口渴了，看见水果摊的大桃子，不禁跑了过去。

哥哥，桃子，我要吃桃子。

老板，今年的大米怎么也便宜？

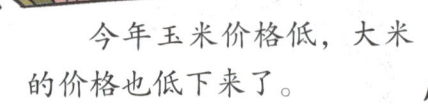

今年玉米价格低，大米的价格也低下来了。

为什么玉米便宜，大米价格也会低呢？

玉米和大米是替代品。简单来说，买玉米的人多了，大家就不太愿意买大米了，所以大米的价格也跟着下降了。

财富小课堂

替代品

替代品是指两种可以互相替代的商品，比如说玉米和大米。你今天吃玉米，明天可以吃大米，它们可以相互替代。玉米便宜了，大家就更愿意买玉米，不买大米了，这样大米的价格就会下降。

我懂了，哥哥。就像如果糖果便宜了，大家可能就不买饼干了，饼干的价格也会降下来，对吗？

豆豆，真聪明！

哥哥，一路上聊得都口渴了，我要多买几个大桃子。

鲜嫩多汁的桃子，来几个？

哈哈哈！

欢迎来到财商世界

剩余的粮食

在和哥哥的一路探讨中,豆豆对存钱有了更深的认识。这不,他主动找哥哥要去钱庄存钱了。

> 哥哥,我打算把没花完的钱存起来,我们去钱庄吧?

> 走起。

钱庄里人来人往,看着他们对存钱、取钱、借钱的讨论,勾起了"小财迷"豆豆的注意。

> 今天的利息上涨了,太开心了!

老板,我想借一些钱去做生意,我会在一段时间后还钱,并支付一定的利息。

只要你按时还钱,并支付利息,我们很乐意借给你。

古代没有银行,大家都把钱存到钱庄吗?

在古代,银行的概念还没有普及。银匠是少数有信誉的人,大家都相信他们可以安全地保管钱财,并且有能力管理这些钱财。所以,银匠就承担了类似银行的职责。

爱讲故事的哥哥,又要给豆豆讲关于存钱利息的故事了。

欢迎来到财商世界

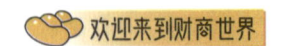

有一个小伙子叫大发，非常勤劳，他每年都会有一些剩余的粮食，不知道该怎么办。还好他遇到了村长。

粮食多了也愁人，放在家里久了，就会变质或者被老鼠偷吃。

小伙子，你可以把多余的粮食存到村里的粮仓，那里有专人保管，很安全。而且，粮仓会给你一些回报，就像是利息。

110

第三章 存钱的必学课

村长,我需要一些粮食去做生意,能借我一些吗?

可以是可以,不过你需要付一些利息作为借粮的费用。

原来把粮食存到粮仓,不仅安全,还能有额外的收入。

这就是利息的作用。存钱的人得到利息,借钱的人用钱去创造更多的财富,大家都受益。

欢迎来到财商世界

看着大发一步步解决了剩余粮食的烦恼，豆豆对利息有了更深的理解。他发现把钱存到钱庄，钱既能得到妥善保管，钱庄还给予一定的利息。何乐而不为呢！

> 我这就要把我的钱存到钱庄。

> 让我们去柜台把你的钱存起来吧。

财富小课堂

钱庄为什么要给存钱的人利息？

因为钱庄可以把这些存来的钱借给需要的人，比如做生意的商人，他们用钱去赚更多的钱，然后再付给钱庄利息。这样钱庄就把从中赚取的一些利润，给存钱的人利息。

第三章 存钱的必学课

欢迎来到财商世界

存钱三部曲

这是你的存款凭证，你要收好。

存款凭证

钱庄 发达

存款凭证是什么啊？

114

第三章 存钱的必学课

存款凭证是一张纸，上面写着你存了多少钱和存款的日期。它是你存钱的证明，将来你想取钱的时候，凭借这张凭证就可以把钱取出来。

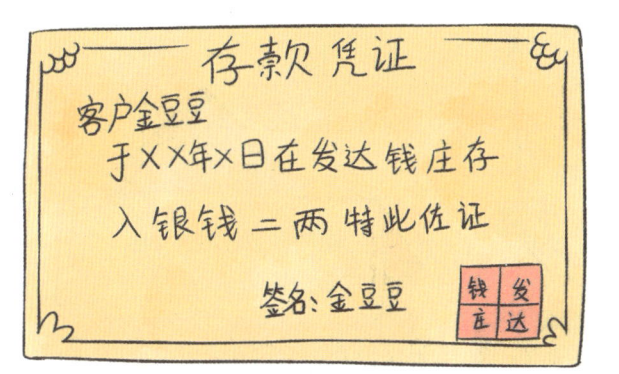

存款凭证

客户金豆豆
于XX年X日在发达钱庄存入银钱二两 特此佐证

签名：金豆豆

钱庄发达

明白了，这样我就可以知道我存了多少钱。

财富小课堂
存款凭证

存款凭证是我们在银行柜台存款时，银行工作人员给的一种凭证。存款单上会详细记录存款金额、存款时间、存款账户等信息。这是我们证明自己已经存款的重要凭证哦。

115

欢迎来到财商世界

今天去钱庄存了钱，还学到了很多关于利息和存款凭证的知识！

豆豆真棒！那你知道怎么更好地攒钱了吧？

首先，你需要一个目标。比如说，你想买一个新的玩具，并把这个目标写下来。每次存钱的时候，都可以看看目标，激励自己。

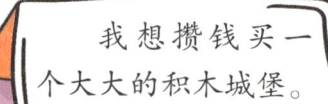

计划表

我想攒钱买一个大大的积木城堡。

第三章　存钱的必学课

第二步是要学会记账。你可以用这个小笔记本记下来。这样你就知道自己花了多少钱，还剩下多少钱。这样你就能更好地管理自己的钱了。

记账听起来很有趣。

账本

第三步是要学会储蓄。你可以把零花钱、压岁钱都存到这个扑满里。等扑满又满了，我们就可以去钱庄继续把钱存起来了。

我会把多余的零花钱存到扑满里，然后存到钱庄里，这样我就能得到更多的利息了。

　　哥哥的存钱三部曲把豆豆听得如痴如醉，不禁在心里对哥哥竖起来大拇指，哥哥真是我存钱的榜样。

117

欢迎来到财商世界

哥哥摸着豆豆的头，继续跟金豆豆分享自己的经验。

> 还有一个方法是控制自己的花费。买东西之前，先想一想这个东西是不是必需的，如果不是，就把钱省下来存起来。

> 哥哥，有时候我会想买很多玩具，但我现在知道，有些玩具不是必需的，我可以省下这些钱。

第三章　存钱的必学课

豆豆的小脑袋装满了存钱技巧后，止不住地兴奋，他从沙发上站起来，斗志昂扬，一脸骄傲地立下存钱新目标。

哥哥，我会把零花钱继续存到扑满里。我也会继续记账，控制我自己的花费，争取早日买到我想要的积木城堡。

只要你坚持下去，一定能实现你的目标。

119

欢迎来到财商世界

时间过得好快,小豆豆的扑满又满了,这次他又会怎么安排零花钱呢?

哥哥,我的扑满又满了,今天我们去集市上买点好吃的吧!

走吧,小豆豆。

客栈

糖葫芦喽，一块钱一串。

上次我买的时候才五毛一串呢！

豆豆，这就是通货膨胀。跟我学起来吧。

通货膨胀这个概念有点儿难哦，哥哥正试着以轻松的语言讲给豆豆，可是豆豆还是有些迷惑。那哥哥只能继续讲故事了。

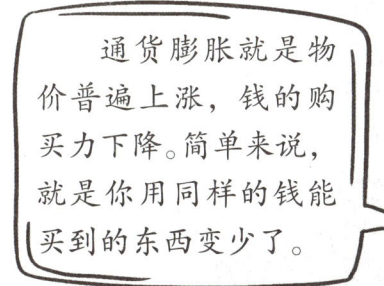

通货膨胀就是物价普遍上涨，钱的购买力下降。简单来说，就是你用同样的钱能买到的东西变少了。

为什么会这样呢？

欢迎来到财商世界

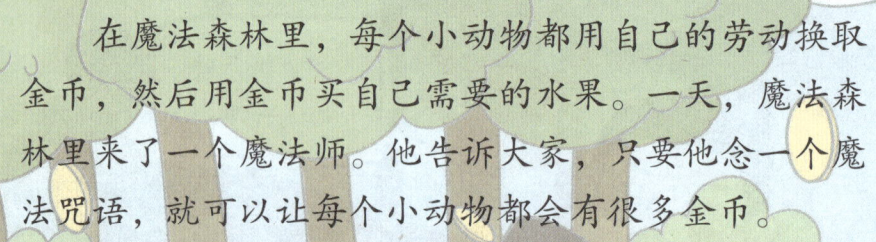

在魔法森林里，每个小动物都用自己的劳动换取金币，然后用金币买自己需要的水果。一天，魔法森林里来了一个魔法师。他告诉大家，只要他念一个魔法咒语，就可以让每个小动物都会有很多金币。

魔法师念了咒语，每个小动物的金币都变多了。大家都觉得自己变得很富有，开始疯狂地购买各种东西。慢慢地，水果摊位的老板们发现，自己的水果供不应求，于是他们提高价格。

魔法师念了咒语吗？

第三章　存钱的必学课

没错，水果的价格越来越高，以前两个金币一盒的草莓，现在要五个金币甚至更多。

哦，原来是这样。那价格就一直涨了吗？

后来，为了防止水果价格越涨越离谱，森林长老取消了魔法师的咒语，减少了金币的数量。同时，他们鼓励小动物们要学会储蓄和理财，把多余的金币存起来。

欢迎来到财商世界

要坚持存钱哦

魔法森林的故事，豆豆听得很入神，也让他的疑惑更多了。他迫不及待地要向哥哥求解。

哥哥，为什么市场上钱会变多呢？

有时候政府会印刷更多的钱来刺激经济，但如果印的钱太多，市场上的钱就会超过商品的数量，导致物价上涨。这就是通货膨胀。

听到这里，豆豆很着急，他心里想着一定要多存些钱，让钱包鼓鼓的，好应对不确定的通货膨胀。

第三章　存钱的必学课

> 哥哥，看来我要多多存钱了。

> 对啊，合理的理财和投资可以帮助我们应对通货膨胀。

　　真是收获满满的一天。今天小豆豆不仅实现了存钱的目标，还从多方面认识到存钱的意义。夕阳下，金豆豆和哥哥满怀喜悦地回到了家，余晖下，二人身后的倒影越拉越长……

第四章
学会借钱和还钱

第四章　学会借钱和还钱

金融小游戏

欢迎来到星际穿越体验游戏，我是游戏引导官Mr.Lin。今天我们一起探讨关于借钱的问题。

我知道！借钱就是向别人借用一些钱，以后再还给他。

嗯，可能是因为他们暂时没有钱买东西，但是以后会有钱。

先让我们进入体验小游戏，看里面的小星星怎么处理借钱的问题……

127

欢迎来到财商世界

小星星的钱不够了

宇宙探险中，小星星发现了一颗星球面长满了美味的星星果。小星星想带一些回去，但是需要买一个特殊的采摘器。而他的钱不够，于是他决定向他的好友小月亮借钱。

第四章　学会借钱和还钱

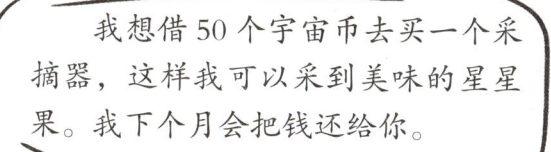

> 我想借50个宇宙币去买一个采摘器，这样我可以采到美味的星星果。我下个月会把钱还给你。

> 当然可以，小星星。你一定要记得按时还给我哦。

小星星用借来的钱买了采摘器，成功采到了很多星星果，卖给了其他探险者，很快小星星就赚回了钱，并按时还给了小月亮。

欢迎来到财商世界

借钱和还钱是一种信任。我们借了别人的钱，就要按时还给他们，这样才能保持良好的信誉。

所以，还钱就是把借来的钱按时还给别人。

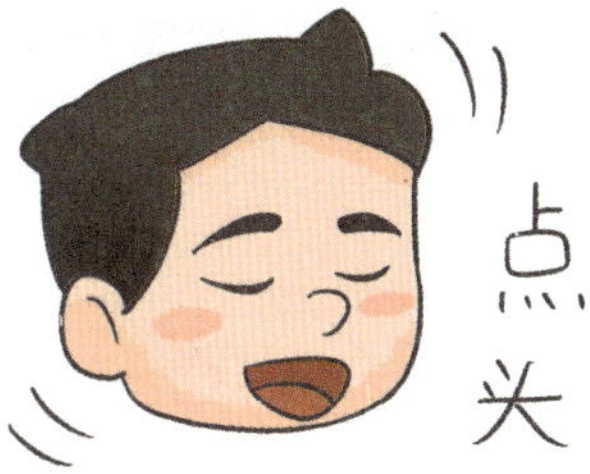
点头

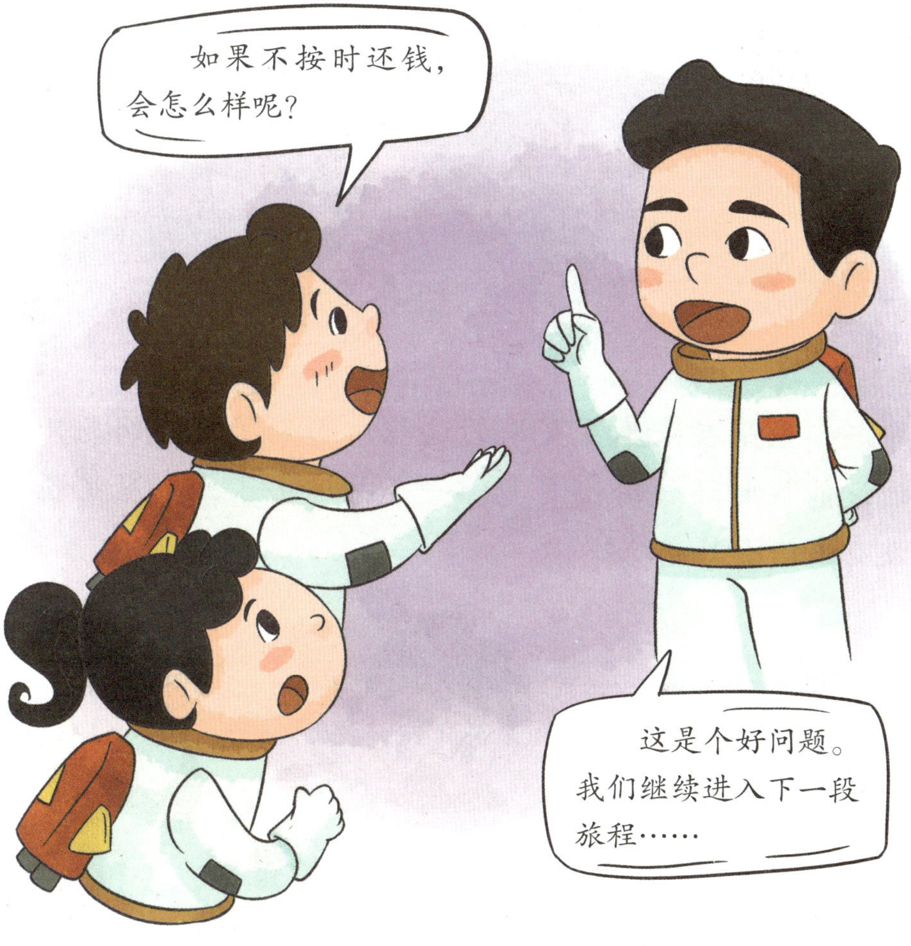
如果不按时还钱，会怎么样呢？
这是个好问题。我们继续进入下一段旅程……

欢迎来到财商世界

如果小星星没有按时还钱，会发生什么呢？

小星星在采集星星果的过程中遇到了一些问题，他没能按时还钱给小月亮。一个月过去了，小星星还没有去给小月亮还钱。

第四章 学会借钱和还钱

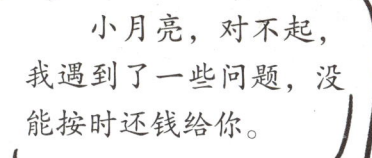

小月亮,对不起,我遇到了一些问题,没能按时还钱给你。

我理解你的困难,但你没有按时还钱,这是你的不对。

银行经理:小星星,你不按时还钱,会影响你的信用。

信用?那是什么?

财富小课堂

信用是指你借钱和还钱的记录。如果你一直保持良好的还款记录,你的信用分数就会很高;如果你经常不按时还钱,信用系统判定你不可靠后,以后可能不再借钱给你。

133

欢迎来到财商世界

游戏熊的良好信用

小星星遇到了什么问题？

Mr.Lin，他没有按时还钱，影响了他的信用。

第四章 学会借钱和还钱

如果信用不好,银行以后可能不会借钱给他了。

关于信用,插入星际卡,我们继续虚拟游戏……

135

欢迎来到财商世界

一天，游戏熊看到小兔子有一个特别好玩儿的火箭模型，就来借玩具。

兔子兄，我可以借你的火箭模型玩儿一会儿吗？

你要保证用完之后把玩具还给我哦！

游戏熊很讲信用，玩儿完玩具后就按时把火箭模型完好地还给了乐乐。

第二天，游戏熊想借小狗狗的遥控飞船。

狗狗弟，我可以借你的遥控飞船玩儿一会儿吗？

好啊，游戏熊。小兔子说你每次都按时还玩具，我愿意把飞船借给你。

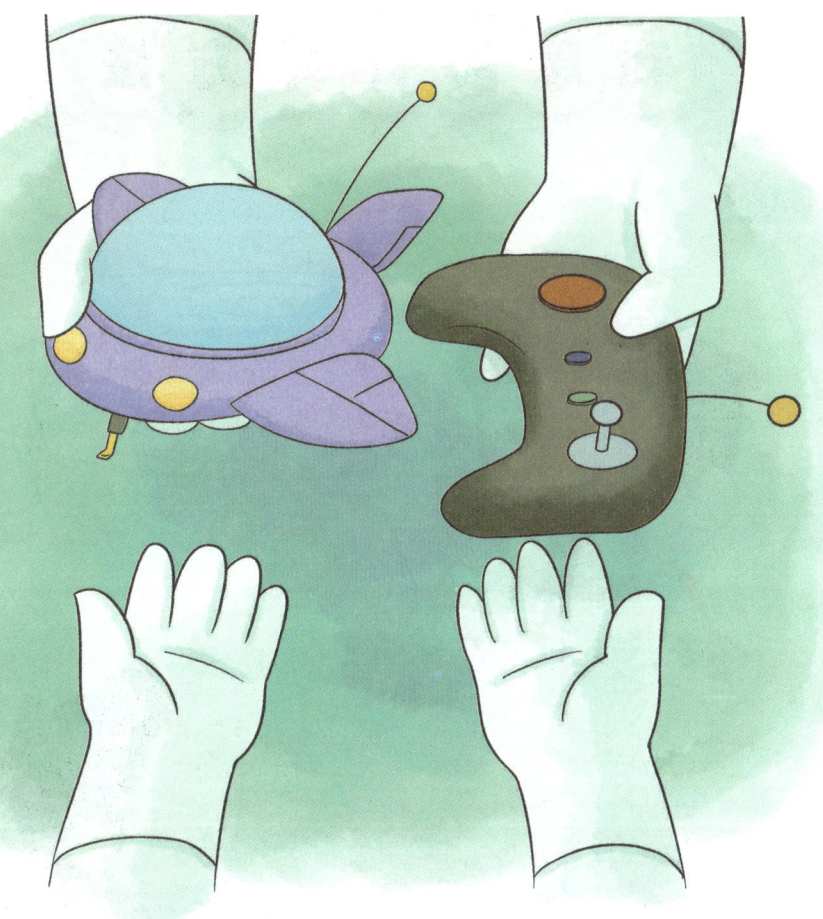

游戏熊按时把遥控飞船还给了狗狗。因为游戏熊每次都可以按时还玩具,朋友们都很信任它,更愿意把玩具借给它了。

财富小课堂
信用

信用就是像游戏熊一样,借了别人的东西能按时还,而且保持完好。这样大家就会信任你,愿意再借东西给你。小朋友们就能玩儿到更多的玩具咯。

欢迎来到财商世界

利息的计算方法

账单

借钱不仅仅是借多少还多少，还会产生利息。谁听说过利息？

业务办理

我听说过，但我不太明白是什么。

利息是你借钱后，需要额外支付给借钱人的费用。比如，小星星向小月亮借了50个宇宙币，约定每个月还1个宇宙币的利息，一共借了三个月。那小星星一共要还多少个宇宙币？

138

银行
账单
他借了50个宇宙币，每个月1个宇宙币的利息，三个月就是3个宇宙币的利息，加起来一共是53个宇宙币。
很好，这就是利息的计算方法。利息是借钱的成本，我们借钱时要考虑能否负担得起利息。
业务办理

欢迎来到财商世界

万能的银行

银行不仅可以存钱、取钱、借钱，还可以帮助你投资和理财。继续游戏……

投资和理财是什么？

投资是把钱放在一些项目里，让这些钱产生更多的钱；理财是合理地管理你的钱，让你的财产保值增值。

第四章　学会借钱和还钱

那银行是怎么运作的呢?

银行收集储户存的钱,然后借给需要的人,同时收取利息。这样,银行可以运转,也能为储户和借款人提供服务。

我学到了银行是怎么运作的。

原来银行还可以帮我们投资和借钱。

记住,合理利用银行的服务,可以帮助我们更好地管理我们的财产。

小星星干大事儿了

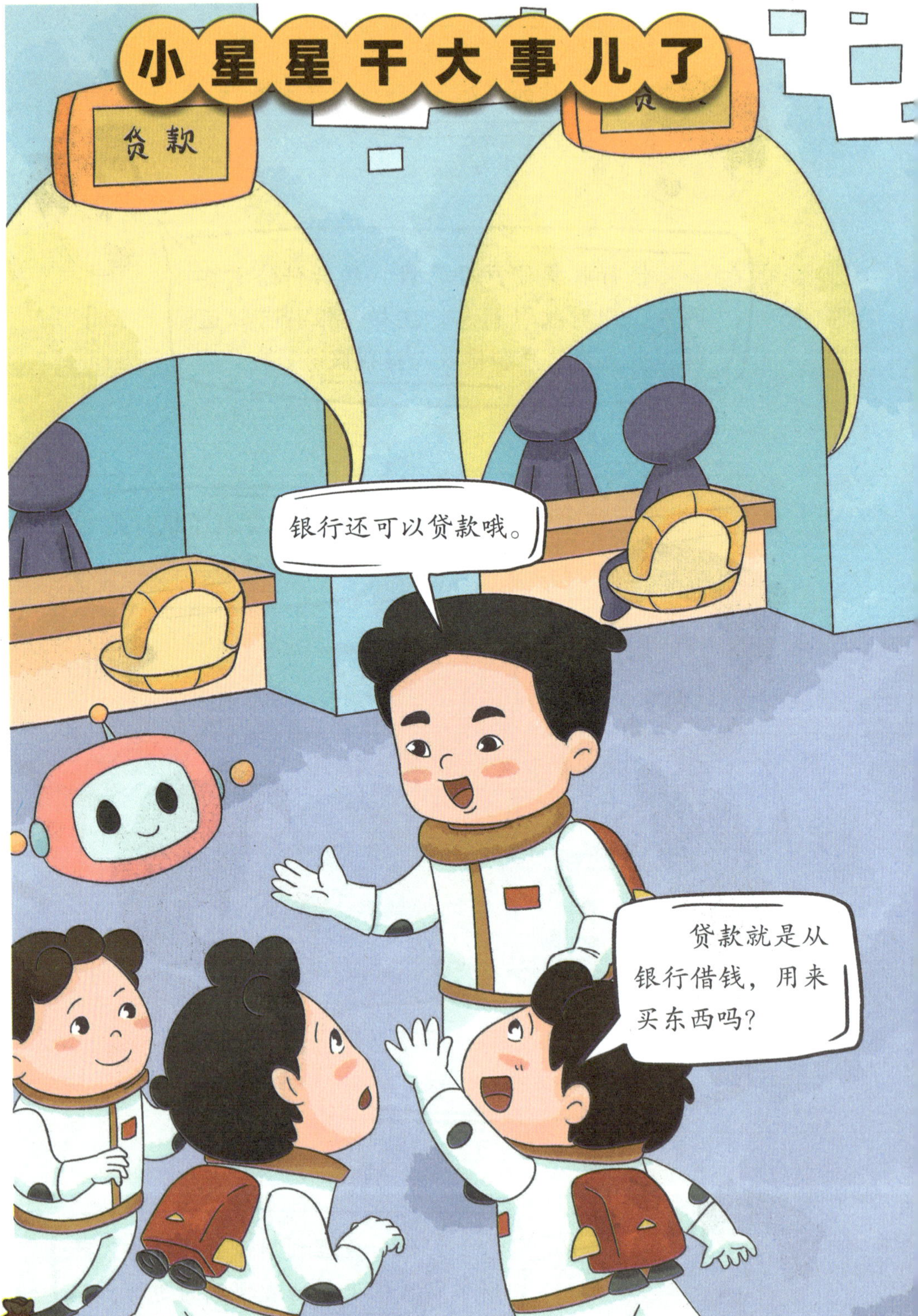

第四章　学会借钱和还钱

取钱

办卡

对的，金豆豆！那么担保呢？有人知道吗？

担保是不是找一个人来保证你能还钱？

很好！担保是当你借钱的时候，如果你不能按时还钱，担保人会替你还。现在，我们继续穿越到下一段通关旅程……

143

欢迎来到财商世界

小星星想要买一辆新飞船，但他的钱不够，于是他准备去找银行申请贷款。

太阳经理，我想申请一笔贷款买一辆新飞船。

小星星，我们可以给你贷款，但是你需要提供一个担保人，来保证你能按时还钱。

担保人是什么？

担保人是一个你信任的人，如果你不能按时还钱，他会替你还。

小星星找到了他的朋友小月亮，小月亮愿意做他的担保人。银行批准了小星星的贷款，小星星终于买到了他心仪的飞船。

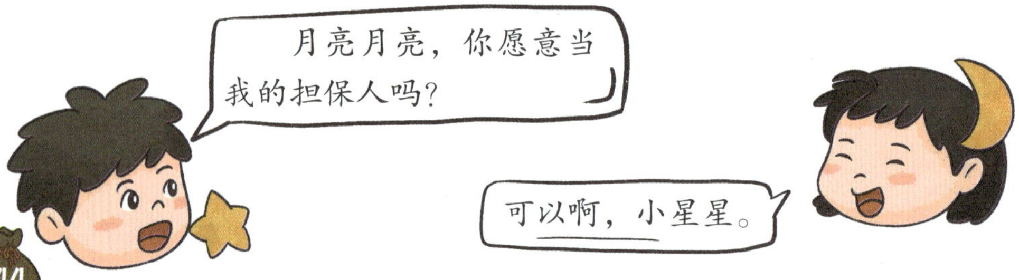

月亮月亮，你愿意当我的担保人吗？

可以啊，小星星。

那如果小星星不能按时还钱，小月亮就要替他还钱吗？

没错，这就是担保的责任。所以，做担保人要非常谨慎，要了解借款人的情况，确保他有能力按时还钱。

财富小课堂

担保人

假设你和你的朋友 A 都很喜欢玩儿滑板。你向另一个朋友 B 借了一块滑板，B 有点儿担心你会不会弄坏或者不还。这时候，A 站出来说："B 同学，你把滑板借给他吧！如果他弄坏了或者不还，我负责赔给你一块新的。"在这个例子里，A 就是担保人。担保人就是一个愿意保证如果你没能做到的话，他会帮你完成承诺的人。这样 B 就更放心把滑板借给你了。

所以，担保人就是在借东西的时候，如果你做不到的事情，他会帮你做到，让借东西的人更放心。

欢迎来到财商世界

宇宙律师事务所

借钱时，为什么要签合同呢？

合同是写下来的协议，保证大家都遵守。

很好，大家插入星际游戏卡，进入这一段的虚拟时空……

小星星需要借一大笔钱来投资一个新的星际项目。他决定去找小月亮借钱。

我需要借100个宇宙币，三个月后还你，可以吗？

可以，不过我们要签一个借钱合同，写清楚借款金额、还款日期和利息。

他们找了一位律师,签订了一份详细的借款合同。合同上写明了借款金额、利息和还款日期。小星星和小月亮都签了字,并各自保留了一份合同。

小星星和小月亮要签合同,是因为合同可以保护借款人和贷款人的权益。

对的。合同不仅写清楚了借款的细节,还提供了法律保障。如果借款人不按时还钱,贷款人可以用合同来保护自己的权益。

那签合同是不是很复杂?

其实并不复杂,只要写清楚借款金额、利息、还款日期等重要信息,双方签字就可以了。签合同是为了保护大家的利益,是非常重要的步骤。

欢迎来到财商世界

星际保险

保险产品

交通险
飞船险
车船险
生育险

借钱有风险，因为如果不能按时还钱，会有很多麻烦。

所以我们需要学会管理这些风险。来，我们继续游戏……

小星星准备借钱投资一个新的星际项目，但他担心如果项目失败，可能无法按时还钱。所以他决定去咨询一家星际保险公司。

我需要借钱投资一个项目，但我担心如果项目失败，可能无法按时还钱。有什么办法可以减少风险吗？

你可以购买一份贷款保险。如果你因为项目失败无法还钱，保险公司会替你还款，减轻你的压力。

星际保险

小星星购买了贷款保险，顺利获得了贷款。他安心地进行项目投资，知道即使项目失败，也不会给自己带来太大负担。

小星星是怎么管理借钱的风险的？

他购买了贷款保险，这样即使失败了，保险公司也会替他还钱。

那是不是所有的借钱都需要买保险？

不一定，看具体情况。有时候，小额借款可能不需要保险，但大额借款或者风险较高的项目，购买保险是明智的选择。

财富小课堂

风险管理

小朋友们，假设你和朋友们一起去公园玩儿，大家决定玩儿捉迷藏。为了避免有人摔倒或者迷路，你们做了以下几件事：

1. 选择安全的区域：你们决定在一个没有大石头和危险的地方玩儿，这样可以避免摔倒和受伤。

2. 定好规则：你们商量好不跑得太快，而且每个人都知道如果有危险情况要喊"停"，大家立刻停下来。

3. 带上急救箱：你们带了一个小急救箱，如果有人摔倒了，可以马上处理一下。

这些做法就是在做风险管理。风险管理就是在做一件事情之前，想办法避免和减少可能出现的问题和危险。所以，风险管理就是提前想好可能会发生的意外，并采取措施来保护自己和朋友们，让大家玩儿得更安全、更开心。

宇宙银行
宇宙百货
我知道我们可以借钱去买东西或者投资项目。
借钱也要有合理的用途，插入星际游戏卡体验一下借钱的不同用途……
太空植物餐厅

第四章　学会借钱和还钱

小星星遇到了一些资金问题，他决定去找银行借钱。

"我需要借一笔钱来启动我的星际项目。"

"我们可以给你提供一笔商业贷款，但需要你提供详细的项目计划和担保。"

小星星准备了详细的项目计划，银行批准了他的贷款。他用这笔钱启动了项目。

151

欢迎来到财商世界

缴费处

小星星的家庭遇到了紧急的医疗情况，他需要借钱来支付医疗费用。

我的家人生病了，我需要一些钱来支付医疗费用，你可以借我一些吗？

你需要在一个月内还给我。

小星星的宇宙飞船发生了碰撞，需要维修，他向家人大星星借了一些钱。

我的飞船需要维修，可以借我一些钱吗？

你需要合理安排你的花费，确保能按时还钱。

第四章　学会借钱和还钱

> 小星星借钱都用来做什么了？

> 他用来启动项目、支付医疗费用和维修飞船。

借钱可以有很多用途，但需要有合理的计划和用途，确保能按时还钱。借钱不仅仅是为了满足当前的需求，更是为了更好地规划未来。

153

欢迎来到财商世界

"对的,金豆豆!按时还钱不仅是责任,更是建立和维护信用的基础。"

"借钱之后,如果我们不按时还钱会影响信用。"

小星星通过贷款启动了他的星际项目,项目成功后,他赚了很多钱。他决定按时还钱,维护自己的信用。

"我的项目成功了,我按时来还我的贷款。"

"按时还钱不仅维护了你的信用,还让我们对你有更多的信任。以后如果你需要更多的贷款,我们会更愿意借给你。"

第四章　学会借钱和还钱

小星星按时还钱,有什么好处?

他维护了信用,银行和朋友们都更信任他。

那如果我们不能按时还钱,会有什么后果呢?

银行和朋友们可能不会再借钱给我们了。

财富小课堂

　　假设你向你的朋友小明借了一支新的彩色铅笔,因为你想在学校的美术课上用它来完成一幅画。小明很高兴地把铅笔借给了你,并告诉你:"你可以用到周五,但一定要在周五还给我,因为周末我也需要用这支铅笔。"你答应了,到了周五,你按时把铅笔还给了小明。小明很开心,说:"谢谢你按时还了铅笔,下次你需要借其他东西的时候,我会很愿意再借给你。"

　　按时还钱的重要性就像按时还借来的铅笔一样。这样你可以与朋友们建立信任了。

欢迎来到财商世界

最后一关了

现在进入我们星际穿越游戏最后一关了。大家都学到了什么通关秘诀？

我学会了借钱和还钱，了解了贷款和利息。

我知道了如何维护信用。

非常好！现在，让我们来进入最后的模拟游戏，看看你们如何运用你们的通关秘诀。

游戏引导官小林带领孩子们进入全息投影中的星际城市，每个孩子都获得了一定的初始资金和不同的任务。他们需要根据任务，选择借钱、还钱、投资等不同的方式，完成任务并取得成功。

第四章　学会借钱和还钱

今天你们每个人都会得到一定的初始资金，用这些钱来完成你们的游戏任务。

金豆豆，你的任务是经营一家星际商店。你需要让你的商店生意兴隆。

准备好了！

我需要先借点钱来进货和宣传。我要去星际银行借钱。

可以，但是你需要在六个月内还清，并支付5%的利息。

我需要1000星际币。

豆豆商店
金融小达人上线
我的商店生意越来越好了，现在我有足够的钱来还贷款了！
游戏结束了。希望你们能把通关秘诀应用到你们的未来生活中，成为理财小达人。
金融

第四章 学会借钱和还钱

我会好好运用这些知识,成为一个聪明的理财人。

我也要继续学习,合理管理我的财务!

啪啪 啪啪

周围响起了掌声,孩子们脸上充满了对未来的期待和自信。

第五章
豆豆赚钱了

可爱的村长爷爷

这次，金豆豆来到一个美丽的童话村庄，村庄里有许多有趣的人物，比如会飞的小精灵莉莉、爱唱歌的小鸟咪咪和聪明的狐狸叔叔等。聪明伶俐的小豆豆非常讨大家喜欢，他也将在这里开启他的一番"事业"。

> 是的，村长爷爷非常聪明，他一定会有好办法的。

> 那你可以去问问村长爷爷。

> Hi，豆豆！

> 早上好，莉莉，咪咪，狐狸叔叔！我想挣些钱买一辆新的自行车，可是我不知道该怎么做。

欢迎来到财商世界

"村长爷爷,您帮帮我吧,我太想要一辆自行车了。"

村长爷爷摸了摸下巴,笑着说道:"小豆豆,你好好想想,你擅长什么?"

"嗯……我喜欢喝果汁,大家也都说我榨的果汁很好喝。"

"不如你先尝试在村庄广场上摆摊,小试下身手。"

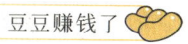

第五章 豆豆赚钱了

光有好喝的果汁还不够，也许你可以设计一个漂亮的摊位，或者制作一些特别的招牌，让大家一眼就注意到你。

好主意！

欢迎来到财商世界

金豆豆用自己存下的钱买了些水果和需要的材料，然后开始制作新鲜的果汁了。

"新鲜的果汁，一杯一铜币喽！"

"是新鲜的果汁啊！"

新鲜果汁，每杯只要一铜币！

"是啊，我们家宝贝很喜欢。"

卖了一段时间果汁，仍没有赚够买自行车的钱，这让豆豆很苦恼。

"问题到底出在哪里呢？是我成本太高，利润太薄了吗？"

第五章　豆豆赚钱了

村长爷爷笑着摸着金豆豆的头，安慰金豆豆："豆豆，遇到困难时，试着多想几个解决的办法。有时候，答案就在我们身边。"

村长爷爷，从超市买的水果成本太高了，我赚不到钱。

165

欢迎来到财商世界

向狐狸叔叔取经

这天,豆豆兴冲冲地跑向村长爷爷,并告诉他一个好消息。

> 我和水果摊田伯伯商量,可以直接从他那里购买水果,这样就可以节省中间的成本了。

> 看来开始动小脑瓜儿了。

随后,爷爷向豆豆推荐了经商高手狐狸叔叔,他能帮助豆豆很快实现买自行车的愿望。

第五章 豆豆赚钱了

欢迎来到财商世界

狐狸叔叔搞清豆豆的问题后，很快给出了建议。

你可以向村里银行借钱，批量购买田伯伯的水果，成本的问题就解决了。但要想清楚，借钱可是有利息的哦。

小豆豆经过一番思考后，敲开了小青蛙银行的大门。

小青蛙银行

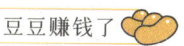

第五章　豆豆赚钱了

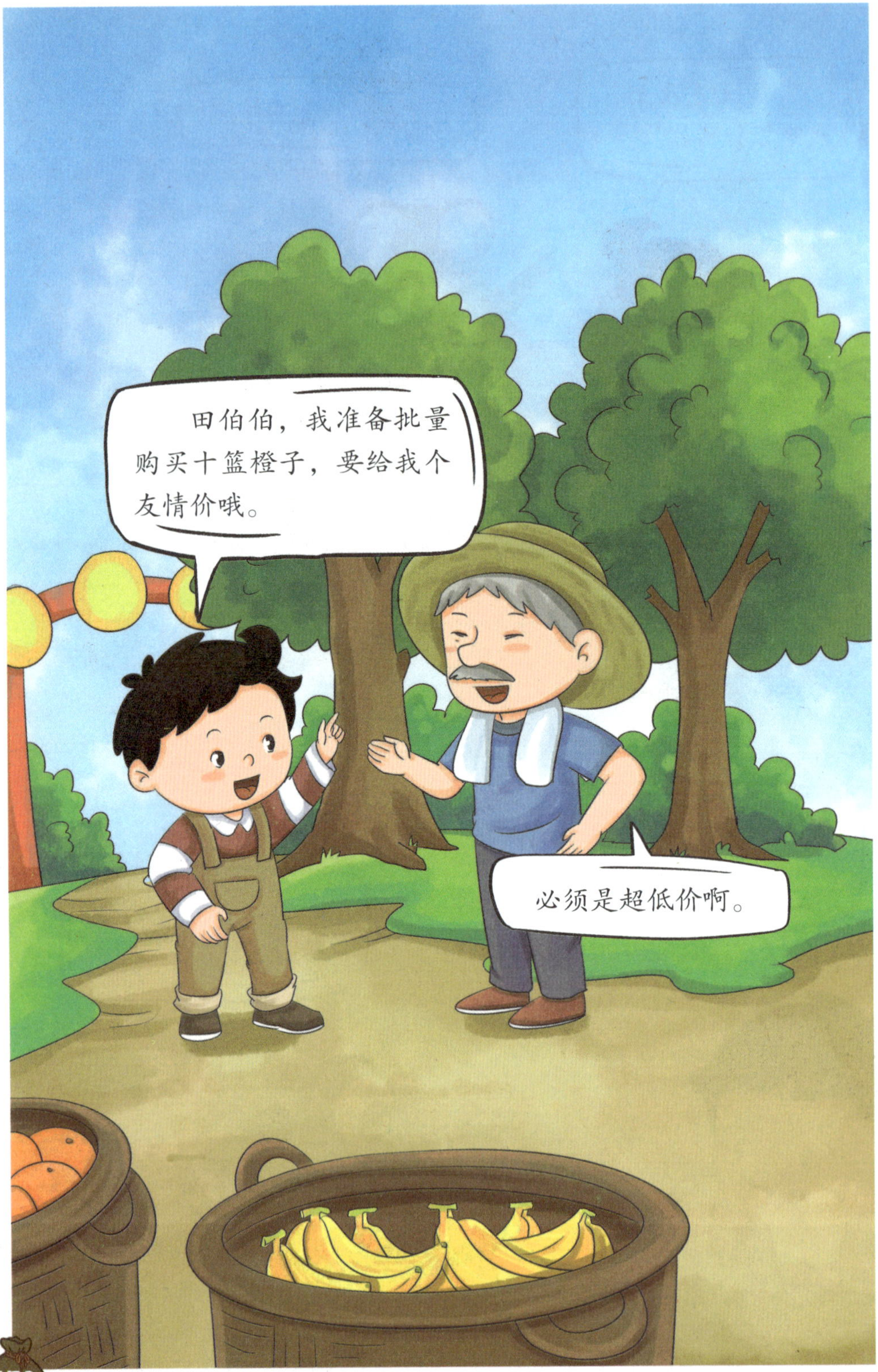
田伯伯，我准备批量购买十篮橙子，要给我个友情价哦。
必须是超低价啊。

钱有了，货充足后，小豆豆干劲儿十足，不断升级营销方式，很快，豆豆的钱包就鼓起来了。这不，他又来小青蛙银行了。

小伙子干得不错嘛。继续加油，生活会眷顾每一个守信、上进的人。

青蛙先生，我来提前还钱了！

还完钱后，小豆豆如释重负，但他并没有去买心爱的自行车。因为他心里盘算起更有意思的事儿。

财富小课堂
批量购买

小朋友，做果汁需要很多水果，如果我们每次只买一个水果，只能做一杯果汁，这样我们会很累，也会花很多钱。但是，如果我们一次买很多水果，就可以做很多杯果汁，而且这样买水果会比一次买一个便宜。因此，批量购买不仅省钱，还能让我们做更多果汁，分享给更多的小朋友。

欢迎来到财商世界

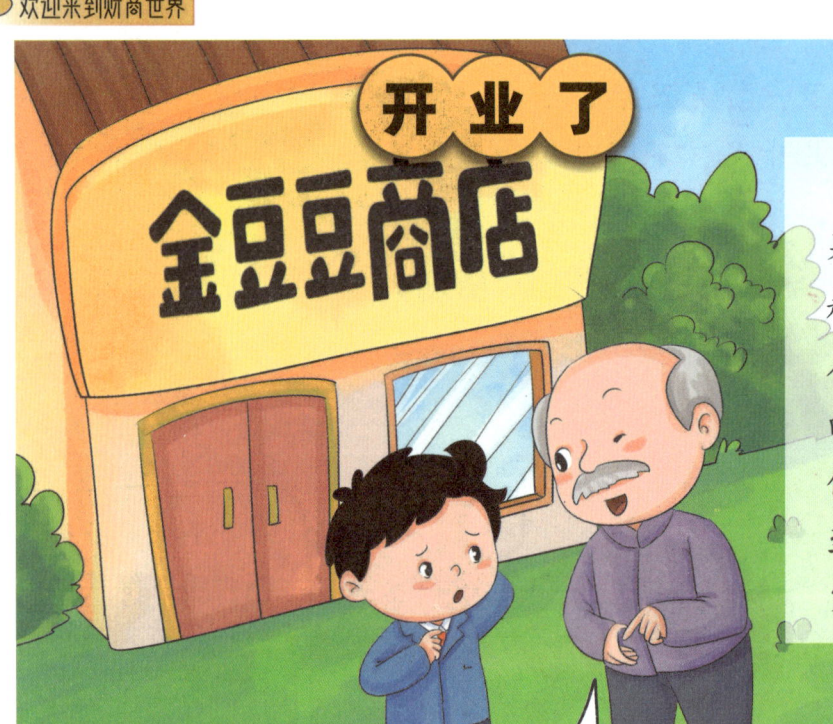

开业了

金豆豆商店

豆豆的果汁摊名气越来越大。在村长爷爷的指点下，他决定用赚到的钱开一家小商店。

> 善于合作的人，才能把事业做大做好。

发展总是伴随着问题。开店后如何管理、摆货等一系列问题，又把小豆豆急得愁容满面。

一语点醒梦中人，小豆豆瞬间开悟了。他该招聘一些团结奋斗的伙伴了。

招聘

原来，小白兔、小松鼠和小鸭子都在商店工作过，而且他们都喜欢豆豆的工作态度，并愿意和他一起工作。

欢迎来到豆豆商店！

请老板放心，保证做好工作。

欢迎来到财商世界

天有不测风云。这不，连续几天的大雨，水果卖不掉，都烂掉了，豆豆的水果商店损失惨重。小豆豆又开始发愁了。

"及时雨"村长爷爷轻抚着豆豆，一边安慰，一边劝解着。

> 有问题找帮手。比如，保险公司。

第五章 豆豆赚钱了

小熊保险

保险，让生活更有保障

有的，有的。保险就是保您平安的。

我的商店遭受了雨水的损失，有合适的保险吗，给我的商店多一份保障？

　　豆豆购完保险后，心里安定了许多。他回到商店，继续经营。这次的危机，也让他的内心多了一份坚定。毕竟每一个问题都有解决的办法。

财富小课堂
什么是保险呢？

　　小朋友们，假设你们有一辆漂亮的新自行车，不小心把它弄坏了或者丢了，一定很伤心吧。现在，有一个魔法师，他可以帮助我们。如果我们提前给魔法师一些钱，他就会保证如果我们的自行车坏了或者丢了，他会帮我们修好或者给我们一辆新的，这就是"保险"。保险就像是一个保护伞，在我们遇到问题时，给我们提供保护和帮助。

175

欢迎来到财商世界

豆豆的商店生意越来越好,他决定开一家更大的商场。在和村长爷爷商定后,确定商场的位置选在村庄的中心地带,那里人流量大。在此之前,金豆豆需要去老朋友那儿借一笔钱。

这样详细的计划,青蛙银行应该会支持我的。

小青蛙,谢谢你的慧眼哦。

金豆豆,你的商业计划很详细,可以借给你这笔钱。

第五章 豆豆赚钱了

终于，经过辛苦的筹备，新商场隆重地开业了，村庄里的伙伴们都来庆祝，并为豆豆的小成就感到开心。

欢迎来到财商世界

然而，好景不长，客流都被对面的大灰狼商场特价活动吸引去了。

价格这么低，看来又是一波挑战。

金豆豆想到了爷爷平时教他的方法，所以他开始注重提升服务质量和增加商品种类，定期开展一些营销和促销活动。

放心吧，保证完成任务！

大家一定要打起十二分精气神，提供最好的服务，让顾客感受到家的温暖。

第五章　豆豆赚钱了

"久违的顾客，最近商场有优惠活动，有至真至诚的服务，还有豆豆我对你们的思念，快来哟！"

在豆豆的精心经营下，慢慢地，商场恢复了往日的热闹。在一次次的磨难中，豆豆也感到了坚持和努力是成功的关键。

财富小课堂

促销活动

商场里经常有很多促销活动，商家展开促销活动一般是为了吸引更多的消费者来进行消费，同时让自己的商品更多地卖出去。薄利多销，增加自己的竞争实力。例如买玩具买一送一，奶茶第二杯半价等。

欢迎来到财商世界

国际化豆豆

"这些商品是我们国家的特色,你可以考虑引进到村庄。"

新时代,新机遇。国际贸易展览会来到了村庄,这让整个村庄都沸腾了。"商人"豆豆自然要抓住这次机会。

豆豆真是行动上的"巨人"。这会儿,他已经和外国商人谈起了合作的细节。

第五章　豆豆赚钱了

经过豆豆的几番忙活儿，他已经让国外的食品成功落地村庄商场了。

商场越来越国际化了，给金豆豆点赞！

嘿，套娃、黑核桃，还有热带食物都好便宜。

财富小课堂
国际贸易

国家贸易就像是一个大家庭，各个国家就是这个大家庭的成员。想象一下，如果你家有很多苹果，而你的朋友家有很多橙子，你们可以交换一下苹果和橙子，这样大家都能吃到自己喜欢的水果，同样地，国际贸易也是这个原理。

181

合格的小商人

> 通过不断地学习和拓展，我们的商场越来越有活力。

豆豆十足的干劲儿，感染着小白兔、小松鼠、小鸭子等。他们都希望和豆豆一起继续努力，把商场做大。

第五章　豆豆赚钱了

豆豆指着图纸跟小白兔他们探讨下一步的计划，他考虑开设更多的分店，增加更多的商品种类，满足不同顾客的需求，让更多的人享受到他们的服务。

豆豆的这波"商业宏图"再次得到大家的支持。因为他们都相信豆豆是个有担当、有责任感的合格小商人。

赚钱以外的东西

村里准备筹建一个儿童游乐场,需要一笔赞助资金。小豆豆听到这个消息,立即拿出一部分资金来解决村里的困难。

村长爷爷,我做得还不错吧。

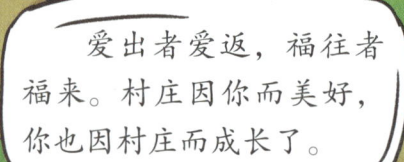

爱出者爱返,福往者福来。村庄因你而美好,你也因村庄而成长了。

第五章　豆豆赚钱了

走在豆豆刚来村庄的绿茵小路上,豆豆和村长爷爷开始了一段意味深长的聊天。

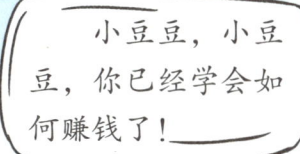

小豆豆,小豆豆,你已经学会如何赚钱了!

他还在赚钱过程中学到了更多的东西。

一路走来,我很感谢村庄里的伙伴们的帮助。现在我只是出了一笔资金,我做得还不够。

学会赚钱是人一步步长大必学的技能。但我们更应该享受这个过程,这个磨炼心性,自驱成长的过程。小朋友们,你觉得呢?

185

给小朋友的话

读完本书，有没有觉得，原来和"钱"这个看起来有点儿严肃的朋友打交道，也可以这么有趣、这么充满故事？记得我在每一章节里都悄悄藏了一些小秘密，就像是寻宝游戏一样，等着你们去发现。你们有没有找到它们呢？

小朋友们，你们看，从和老爷爷一起认识钱，到学会和妈妈花钱，再到和哥哥存钱，与同学一起处理借贷，最后到自己创业赚钱，这不就是我们在"钱的成长之路"上的真实写照吗？我们从需要大人的指导，到和小伙伴们一起探索，最终学会了靠自己站立。每一章节的不同背景，也是在映射着每一阶段的成长足迹。

现在，你对"钱"这个朋友是不是有了更深的认识和理解呢？它不仅仅是纸币和硬币那么简单，它关乎梦想、努力、责任和自由。希望你们能带着这本书给予的知识和勇气，继续在生活中探索、学习，让"钱"成为帮助你实现梦想的好伙伴。

未来的小财商家们，记住：保持好奇心，勇敢尝试，智慧地管理你的"钱朋友"。世界等着你们去创造更多的可能呢！

你们的大朋友

第五章　豆豆赚钱了

期待你和钱的精彩故事